中国地质调查局地质矿产调查评价专项项目“武当-桐柏-大别成矿带
武当—随枣地区地质矿产调查”(DD20160030)资助

中南地区成矿带科普系列丛书

武当-桐柏-大别成矿带

彭三国　朱江　张维峰　编著

中国地质大学出版社
ZHONGGUO DIZHI DAXUE CHUBANSHE

图书在版编目(CIP)数据

武当-桐柏-大别成矿带 / 彭三国,朱江,张维峰编著. —武汉:中国地质大学出版社,2019.3

(中南地区成矿带科普系列丛书)

ISBN 978-7-5625- 4481-4

Ⅰ.①武… Ⅱ.①彭… ②朱… ③张… Ⅲ.①成矿带-成矿地质-研究-中南地区 Ⅳ.①P617.26

中国版本图书馆 CIP 数据核字(2019)第 040119 号

武当-桐柏-大别成矿带　　彭三国　朱江　张维峰　**编著**

责任编辑:谢媛华　王凤林　　选题策划:王凤林　　责任校对:张咏梅

出版发行:中国地质大学出版社(武汉市洪山区鲁磨路 388 号)　　邮编:430074

电话:(027)67883511　　传真:(027)67883580　　E-mail:cbb@cug.edu.cn

经销:全国新华书店　　http://cugp.cug.edu.cn

开本:880 毫米×1 230 毫米　1/32　　字数:79 千字　　印张:2.75

版次:2019 年 3 月第 1 版　　印次:2019 年 3 月第 1 次印刷

印刷:湖北睿智印务有限公司　　印数:1—500 册

ISBN 978-7-5625- 4481-4　　定价:32.00 元

什么是成矿带

Shenme Shi
Chengkuangdai

成矿带的内涵

地壳中的矿产在时间上和空间上的分布都是不均匀的，有些地区稀少，有些地区密集。成矿带指的是地壳中矿床集中产出的地带，它们在地质构造、地质发展历史和成矿作用上具有共性。我们一般将呈狭长带状的矿区称为成矿带，长宽接近、呈面状的矿区称为成矿区。成矿带的面积大小不等，像洲际间的成矿带，面积一般为数百万平方千米。

成矿带一般有什么特征

成矿带的形成是区域地质构造运动演化的结果，受大地构造背景、岩石建造类型和区域地球化学特征等综合因素控制。因为这些特定的地质条件和一些其他因素，一个成矿带形成后，常以某几种矿产或某些类型矿床为主。例如，中国南岭成矿带中，钨、锡、锂、铍、稀土金属矿床比较集中，而长江中下游成矿带中铜、铁、硫等矿床密集，并且，在一个成矿区域内，矿床形成时代也有一定的规律。例如，在全球的矿产中，有 2/3 的铁矿、3/4 的金矿均产于前寒武纪，煤矿主要产于石炭纪—奥陶纪和侏罗纪，石油及盐主要产于中、新生代。研究成矿带的规律和特征，能够给找矿勘查提供参考依据。

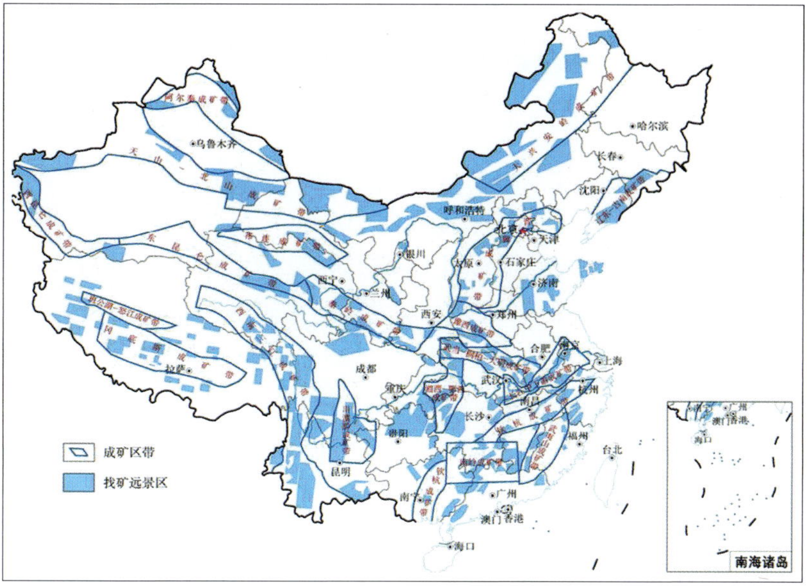

▲全国重点成矿区带及找矿远景区分布示意图(据国土资源部中国矿产资源报告,2013)

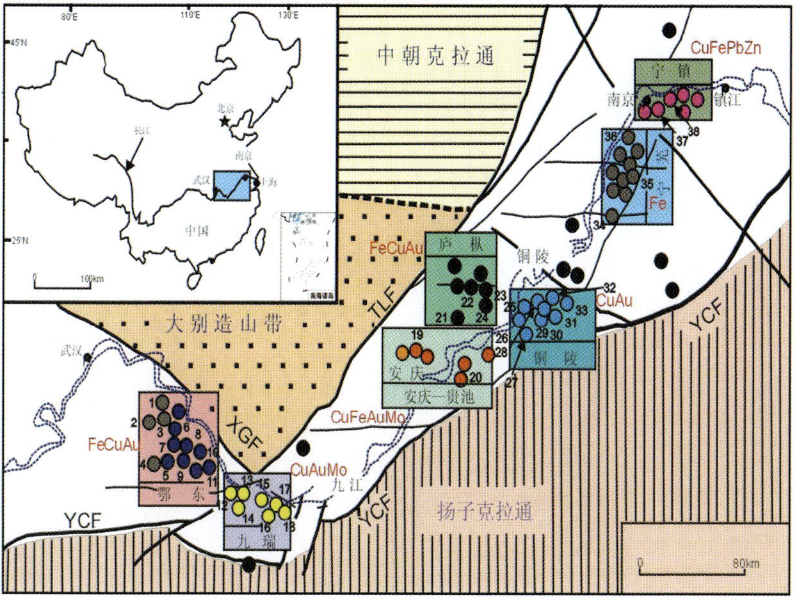

▲长江中下游多金属成矿带矿集区分布示意图(据 Pan & Dong, 1999)

成矿区域如何划分

成矿区域的范围大小不一，往往可以划分出不同的级别。目前，人们一般按空间规模，把成矿区域划分为全球性成矿区域、成矿区（带）、矿带和矿田4个级别。我国在描述全国的成矿区时，一般将成矿区域分为3个级别：域、省、区（带），即成矿域[与Ⅰ级区（带）对应]、成矿省[与Ⅱ级区（带）对应]、成矿区[与Ⅲ级区（带）对应]，称为三分法。而在描述省（市、自治区）成矿区时，又在全国划定的Ⅲ级区（带）范围内再细分Ⅵ级、Ⅴ级两级，即成矿域、成矿省、成矿区（带）、成矿亚区（带，与Ⅵ级对应）、矿田（与Ⅴ级对应），称为五分法。

全球性成矿域属洲际性的成矿单元，它们包括巨大的板块边界、巨型褶皱带或造山带和贯通性深大断裂，面积一般达数百万平方千米。全球范围内划分出4个重要的成矿域，

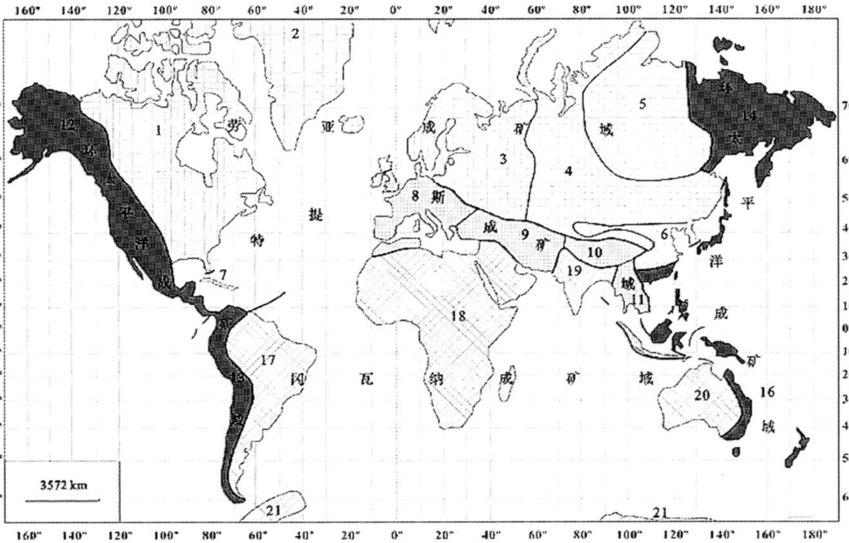

▲全球性成矿域划分

分别为劳亚成矿域、冈瓦纳成矿域、环太平洋成矿域和特提斯成矿域。

其中，劳亚成矿域展布于地球北部，横跨北美洲、欧洲和亚洲三大洲，是世界最大的成矿域。

冈瓦纳成矿域展布于地球南部，横跨南美洲、非洲、大洋洲和亚洲四大洲，是世界第二大成矿域。

特提斯成矿域横亘于地球中部，包括地中海沿岸及亚洲西南部和南部，地跨北美洲、欧洲、非洲、亚洲四大洲，连接劳亚、冈瓦纳两大成矿域，构成地球的“腰带”，是世界最小的成矿域。该成矿域从西班牙、意大利起，经巴尔干半岛、小亚细亚半岛进入南高加索、伊朗、巴基斯坦，进入我国西藏、川西及云南，再延至马来半岛，并在帝汶岛与环太平洋成矿域相接，延长约16 000km。

环太平洋成矿域环绕太平洋周缘展布，地跨亚洲、大洋洲、北美洲和南美洲四大洲，自南美洲南端起，沿南、北美洲西缘经安第斯、科迪勒拉等山系，经阿拉斯加，进入俄罗斯亚洲部分的东北地区，过日本群岛、我国台湾省及东南沿海、菲律宾、巴布亚新几内亚至新西兰一带，延长达40 000多千米。

值得注意的是，这些成矿域均跨入我国部分省区，对我国东部和西南部预测找矿有着重要意义。

成矿区(带)泛指大区域的成矿单元，有学者根据我国东部与西部地质背景、矿种组合与

▲劳亚成矿域

▲冈瓦纳成矿域

成矿作用的明显差别，将我国分为东部成矿区和西部成矿区。其中，东部成矿区通常被视为环太平洋成矿域的一部分。东、西部成矿区又可以划分出多个不同的成矿区（带）。全国统一分出5个成矿域、16个成矿省、90个Ⅲ级成矿区（带）。

成矿带是最常见的区域性成矿单元，如长江中下游铁铜成矿带、雅鲁藏布江铬成矿带、秦岭铜铅锌多金属成矿带等。成矿带之内还能划分出若干个成矿亚带，如长江中下游铁铜成矿带中的鄂东南铁铜亚带。

矿田指在统一的地质作用下、空间相邻的一组矿床分布区域。其分布面积一般几十到一两百平方千米，如长江中下游铁铜矿带中的狮子山铜（金）矿田。

▲环太平洋成矿域

▲特提斯成矿域

中南地区地质矿产概况

中南地区北据长江，南临南中国海，处于长江经济带、长江中游城市群、海上丝绸之路、粤港澳大湾区、环北部湾经济区和海南自贸区自贸港等国家发展战略区。中南地区主要划分为扬子、华夏两大陆块以及秦岭－大别造山带、钦杭结合带4个大地构造单元，是研究亚洲大陆东部增生、冈瓦纳大陆、罗迪尼亚超大陆聚合－裂解的重要窗口，有30多亿年的华南古老陆核记录。完整经典的地层剖面使得6枚国际金钉子落户于中南地区，也是研究大规模岩浆活动与成矿作用的典型地区，是我国南方有色金属、黑色金属、稀有金属、贵金属、页岩油气的重要能源资源基地，主要有6个国家级成矿带（区）。

1.武当–桐柏–大别成矿带

该成矿带跨鄂、豫、皖三省，展布于扬子陆块北缘，南、北、东界分别为以襄阳–广济、确山–合肥、郯庐断裂。区内岩石变质程度高，构造发育，演化具有多阶段复杂叠加的特点，岩浆活动普遍而强烈。矿产资源丰富，已发现金属和非金属矿等40余种，大、中、小型矿床（点）500余处，其中超大型金属矿床3处。优势矿种是钼、金、银、铜、铅、锌、铁、稀土、金红石等金属和磷、盐、碱、重晶石、累托石、膨润土、石材等一大批非金属矿，钼矿为最优势矿种，是我国最重要的钼矿带。

2.长江中下游成矿带

该成矿带位于长江中下游地区，中南地区仅涉及到湖北省境内，该地区是我国富铁矿、富铜矿的重要产区，金、钨、钼、铅、锌等也是优势矿种。长江中下游地区是我国古代矿冶文明的发祥地之一，早在两千多年前的青铜文化时期，大冶铜绿山地区的铜矿资源就已被开采利用。该地区铁矿床以矽卡岩型、玢岩型为主，部分矿床具有矿浆成因的特征，代表性矿床有大冶铁矿、凹山铁矿、泥河铁矿。铜矿床以矽卡岩型、斑岩–矽卡岩复合型、斑岩型为主，代表性矿床有铜官山铜矿、城门山铜矿、沙溪铜矿。区内铁铜多金属矿床的形成一般与晚中生代大规模岩浆活动关系密切。

3.湘西–鄂西成矿带

该成矿带主体位于扬子陆块及其东南缘，主体以地层发育为特色，新元古代至中三叠世地层大部属稳定型碎屑岩、碳酸盐岩建造。侏罗纪至新生代主体为陆相沉积，浅表层次构造复杂，岩浆活动微弱。区内矿产丰富，类型齐全，包括铅锌矿、金矿、（银）钒矿、铜矿、锰矿、铁矿、汞矿、锑矿、镍钼（铂钯）多金属矿以及非金属矿产重晶石（毒重石）矿、磷矿、煤矿、石墨矿、石膏矿、雄黄矿等。铅锌矿是成矿带的主要特色，锰矿也是重要矿种。成矿带北部是我国三大磷矿产地之一，也是著名重晶石–毒重石成矿带；中部湘－黔－渝交界地区是我国著名的汞矿、铅锌矿、锰矿和重晶石矿集中分布区，也是我国三大磷矿基地之一。南部雪峰山及周缘地区是世界金矿、锑矿集中分布区。

4.南岭成矿带

该成矿带横跨黔东南、湘中南、赣南、桂北、粤北等地，空间分布跨越了扬子陆块与华夏陆块，是世界上研究燕山期大陆成矿体系和花岗岩成岩成矿理论最典型的地区之一，也是我国有色、黑色（锰）、稀有、稀土、放射性矿产分布的重要地区，是世界钨矿床和原生锡矿床分布最密集的地区之一，拥有世界上主要钨、锡矿类型。南岭地区优势矿种为锡、铋、钨、钼、稀有、稀土，重要矿种为铅、锌、银、锑、锰，一般矿种为汞、金、铜，具有一定潜力的矿种为金刚石及特殊非金属等。

5.桂东–粤西成矿带

该成矿带位于钦杭结合带的西南段，地理上包括广东的西部、广西的东部和海南岛。钦杭结合带是指扬子与华夏陆块碰撞拼贴带及其南北两侧范围，在其发展过程中孕育了丰富的矿产资源。其中，桂东—粤西地区优势矿产主要有铁、金、铅锌、铜钼矿等，包括资源量亚洲第一（世界第二）的云浮超大型硫铁矿，国内最大的富铁矿床石碌铁矿，以及佛子冲铅锌多金属矿、抱伦金矿、河台金矿、圆珠顶铜钼矿、石碌铜钼矿等一大批享誉国内外的大型、超大型矿床。这些矿床在分布上明显受深大断裂和古生代盆地控制。

6.右江成矿区

该成矿带是区域上南盘江－右江成矿区的一部分。右江成矿区是我国金矿的重要产区之一，亦称之为滇黔桂“金三角”，矿床类型以微细粒浸染型（卡林型）金矿最为重要，次有矽卡岩型和砂金。另外，锰矿成矿地质条件良好，矿产资源丰富，在全国占有重要地位，矿床类型有沉积型、风化淋滤型、堆积型锰矿，其中大新下雷锰矿是我国超亿吨的大型锰矿区之一。铝土矿主要分布在右江断裂带西南盘，发育地段主要在碳酸盐岩构成的岩溶洼（坡）地中，分原生沉积和堆积两种类型。沉积型产于台地相上二叠统合山组底部，堆积型则与第四系岩溶发育关系密切。

目 录

1

武当–桐柏–大别成矿带基本特征

Wudang–Tongbai–Dabie Chengkuangdai Jiben Tezheng

一、成矿带的由来

武当—桐柏—大别地区已探明湖北银洞沟银金矿、庙垭稀土矿、黄麦岭磷矿，河南银洞坡金银矿、破山银矿、老湾金矿等一大批大中型矿床。近几年来又相继发现了安徽沙坪沟钼矿、鲜花岭铅锌矿，河南千鹅冲钼矿、汤家坪钼矿、周庵铜镍矿等一批大中型矿床，其中沙坪沟钼矿查明(332+333)资源储量 245×10^4t，成为世界第二、亚洲第一的超大型斑岩型钼矿，显示出该地区找矿潜力巨大。

中国地质调查局动态跟踪了这些国内重大地质找矿成果，组织武汉地质调查中心(牵头)、南京地质调查中心、天津地质调查中心等单位在全面分析该区地质工作程度、成矿条件和找矿潜力基础上，提出了“武当-桐柏-大别成矿带”，编制的《武当-桐柏-大别成矿带地质找矿部署方案》于 2012 年 7 月在北京通过了由 25 位专家组成的专家委员会进行的最终论证，一致同意将其列为第 20 个国家级成矿带。

二、成矿带的范围

武当–桐柏–大别成矿带夹持于华北陆块和扬子陆块之间，综合地质、管理等多种因素，确定的边界范围是：南界为青峰–襄阳–广济断裂，北界为确山–合肥断裂，东界为郯庐断裂，西界为湖北省与陕西省、重庆市的界线。南、北、东三面是地质构造边界，西界定在此处的理由是：我国太行–武陵重力梯度带刚好从西部边界附近通过，两侧地壳厚度差别明显，且向西几十千米已有国家级秦岭成矿带，两成矿带有一定间隔是合理的，同时也有利于项目归属管理。

武当–桐柏–大别成矿带地理坐标范围为：东经 109°32′ —117°00′，北纬 30°00′00″—33°15′00″。东西长约 700km，南北宽 120～210km，面积 12.5×10^4 km²，其中湖北省 7.6×10^4 km²，河南省 3.0×10^4 km²，安徽省 1.9×10^4 km²。

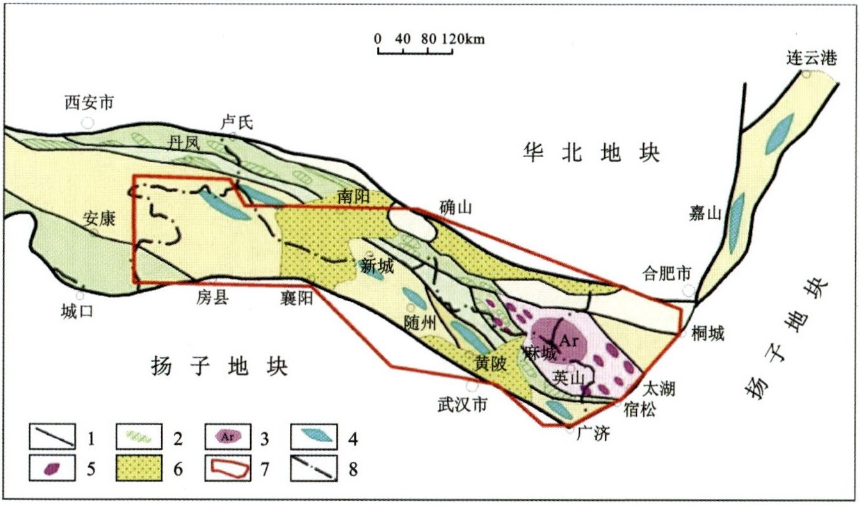

▲ 武当–桐柏–大别成矿带大地构造略图

1.断裂；2.蛇绿岩；3.太古代陆核；4.蓝片岩；5.榴辉岩；6.第四系；7.成矿带范围；8.省界

三、便利的交通

成矿带横跨湖北、河南、安徽三省。行政区划涉及河南省南阳市、驻马店市、信阳市，湖北省十堰市、襄阳市、荆门市、随州市、孝感市、武汉市、黄冈市，安徽省六安市、安庆市等。

区内汉丹、京广、京九、宁西等铁路，京珠、沪蓉、沪陕、福银、大广、武麻等高速公路，106、107、109、312、316等国道纵贯南北，横穿东西，交通方便。

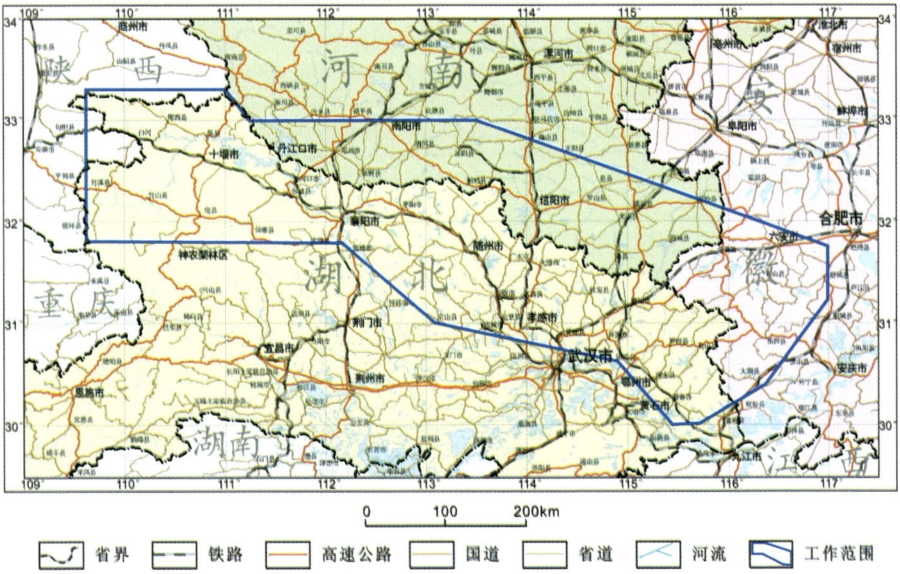

▲武当–桐柏–大别成矿带交通位置图

四、复杂的地质背景

成矿带夹持于华北陆块和扬子陆块之间，是秦岭复合造山带的东延部分和根带，是中央造山带的重要组成部分。地层发育齐全，主体包括北秦岭（中秦岭、北淮阳）、武当（丹江、两郧–武当山、平利–竹溪）、桐柏（随枣、桐柏）、大别（大别山）4 个地层区 8 个地层小区，前寒武纪变质岩系大面积出露。岩浆活动频繁、分布广泛，岩石类型多样，以燕山期中酸性岩浆活动最频繁。变质作用强烈，大别地区是世界上出露规模最大、保存最好的超高压变质地体之一。构造活动强烈，深大断裂发育，主体构造线呈北西（西）–（南）南东向。多期复杂的构造改造及大量同构造增生岩浆物质的添加，使本区地质构造变得极其复杂，因而其形成与演化长期存在争议。张国伟等（2001）提出基底形成阶段（Ar—Pt_3 晚期）、板块构造演化阶段（Pt_3 晚期—T_2）、中新生代陆内构造演化阶段（T_3—Q）三阶段演化模式，先后经历了扩张裂谷垂向加积、板块俯冲与碰撞和陆内俯冲收缩与伸展隆升等多阶段不同类型造山作用与过程。

五、丰富的地下宝藏

复杂的地质过程造就了丰富的矿产资源，已发现有资源储量的矿产 40 余种、矿床（点）500 余处。其中优势矿种为金、银、铜、钼、铅、锌、铁、稀土、钒、钛、锑等金属矿产及天然碱、石膏、磷、萤石、蓝晶石、矽线石、水泥原料、绿松石、建筑装饰材料等非金属矿产，具有集群成带分布特点。

矿业建设条件较优越，已形成了以金银多金属开发为龙头，铜铅锌等金属矿产及石油、天然碱、石膏、萤石、磷、石材等非金属矿产为两翼的矿产资源产业格局。

六、连绵的山峦

成矿带属于秦巴-大别山脉，属中央山脉的组成部分（余脉），为中高山—低山—丘陵地貌，总体表现为东西高、中部低的趋势，东、西部为山区（武当山、大别山），中部为低山丘陵（桐柏山）和盆地（平罗、吴城、南阳及

▼西部的武当山（天柱峰主峰）

江汉），武当山、桐柏山、大别山脉为鄂、陕、豫、皖四省的天然分界线，海拔高度一般为200～500m，西部最高武当山天柱峰海拔1612m，东部最高大别山天堂寨海拔1729m。

▲中部横跨鄂豫两省的桐柏山（太白金顶）

▼东部横跨鄂皖两省的大别山（天堂寨主峰）

七、气候温润、水系发达

桐柏–大别山脉为汉水、淮河水系的天然分水岭，汉水、淮河水系河流顺地势自北西向南东均汇入长江。美丽的太极湖是在武当山北麓脚下依托亚洲最大的人工湖——丹江口水库在蓄水后形成的，是中国南水北调中线工程调水源头所在地。

本区属温带湿润季风气候，夏热冬寒，降雨充沛，四季分明。年平均气温 15.3℃，最低气温在 2 月份达 -16～-10℃，最

▼美丽的太极湖（丹江口水库）

▲丹江口水库大坝(南水北调中线水源地)

高气温在 8 月份可达 35～41℃,11 月至次年 3 月为霜冻期。年平均降水量为 500～2000mm，主要集中在 7、8、9 三个月。武当、大别山区垂直气候明显,气温随海拔高度增加而递减。

八、富饶的自然资源

区内森林覆盖面积较大,经济作物种类繁多,农作物以水稻、小麦为主,经济作物有茶叶、板栗、木耳、香菇、银杏等,种植比较广泛,不少名牌产品驰名中外。

信阳毛尖属绿茶类,是中国十大名茶之一,主要产地在河南省信阳市浉河区(原信阳市)、平桥区(原信阳县)和罗山县,具有“细、圆、光、直、多白毫、香高、味浓、汤色绿”的独特风格,1915 年在巴拿马万国博览会上与贵州茅台同获金质奖,1990 年信阳毛尖品牌参加国家评比,取得绿茶综合品质第一名。

六安瓜片为绿茶特种茶类，是唯一无芽无梗的茶叶，由单片生叶制成。六安瓜片的历史渊源，明始称“六安瓜片”，为上品、极品茶，清为朝廷贡茶，也是中国十大名茶之一。1982年就被商业部评为全国名茶。

▲信阳毛尖

▲六安瓜片

湖北省房县在一千年前就有香菇生产，历有“香菇山珍”之称。长久以来，房县香菇以清香可口、味道鲜美而闻名于世，是中外名菜不可缺少的佐味佳品，远在美国加州的中餐馆以“中国房县小花菇”的招牌吸引食客。湖北省房县木耳也驰名省内外；同样驰名的还有湖北罗田板栗。

▼湖北罗田板栗

▼湖北房县香菇

同时，其独特的气候环境繁衍了种类繁多的生物，被世界公认为是中原地区的物种资源库和生物基因库，并有不少品种被列入《中国生物多样

性保护行动计划》中的“中国优先保护生态系统名录”，具有很高的保护和科研价值。大别山有国家一、二级保护动物原麝、中华虎凤蝶、商城肥鲵等，十堰有珍稀动物中华鼯鼠等。

◀原麝(国家一级保护动物)

▼中华虎凤蝶(国家二级保护动物)

▲商城肥鲵(国家一级保护动物)

▶中华鼯鼠(珍稀动物)

九、红色革命圣地

1. 红色革命——鄂豫皖革命根据地

1927 年 11 月，潘忠汝、吴光浩、戴克敏等领导了湖北黄（安）麻（城）地区的农民起义，开辟了鄂豫边根据地。1929 年 5 月，徐子清、肖方、周维炯、徐其虚等领导了河南商（城）南地区的农民、士兵起义，开辟了豫东南根据地；1929 年 11 月，舒传贤、周狷之、余道江等领导了安徽六（安）霍（山）农民、士兵起义，开辟了皖西根据地。1930 年春，中共中央在上海召开会议，讨论并成立中共鄂豫皖边特委，统一领导鄂豫皖边区的革命斗争。3 月 18 日，中共中央发给鄂豫皖边特委并转红三十一、三十二、三十三师的指示信，决定将这三个师合编为中国工农红军第一军。鄂豫皖边区党代表大会于 1930 年 3 月 20 日在湖北省黄安县箭厂河（今属河南新县）召开。6 月下旬，成立了鄂豫皖边区苏维埃政府，鄂豫皖革命根据地正式形成。

至 1931 年 5 月，中共鄂豫皖中央分局成立，张国焘任书记兼军委书记。1931 年 11 月，成立红四方面军，徐向前任总指挥，陈昌浩任政委，下辖红四军和红二十五军。1932 年 1 月，成立中共鄂豫皖省委，沈泽民任书记。1932 年 10 月，主力撤出根据地，向西转移，留下的红军重组红二十五军，在吴焕先、徐海东、王平章等领导下继续坚持斗争。1934 年 11 月，红二十五军转移北上后，留下的部分武装重建红二十八军，在高敬亭等领导下，坚持游击战争。1937 年，高敬亭独立和卫立煌谈判，结束国共内战，所部改编为新四军第四支队。

鄂豫皖革命根据地是红四方面军、红二十五军、红二十八军的诞生地。全盛时期包括有 20 余县的地区，拥有约 350 万人口，主力红军达 4.5

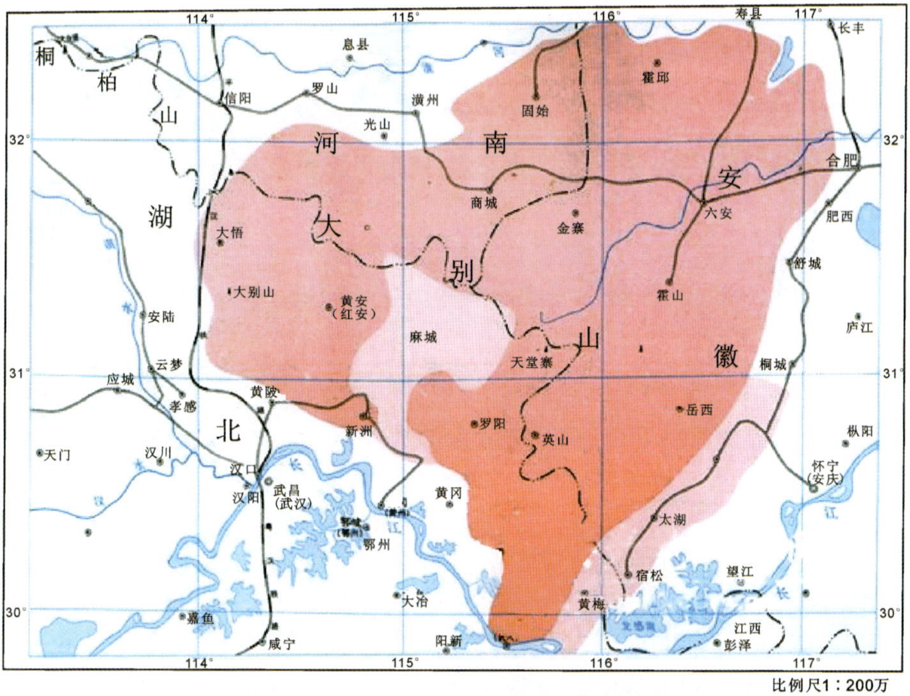

▲土地革命时期(1927—1937 年)鄂豫皖革命根据地形势图

万余人,地方武装、民兵 20 余万人。

2. 中原突围，揭开了解放战争的序幕

抗日战争胜利后,以蒋介石为首的国民党政府调集 20 多个师的部队,包围和蚕食中原解放区,企图消灭中原解放区部队，打通向华东、华北、东北的进军道路。1946 年 1 月,国民党政府和中国共产党双方代表签署停战协定后,国民党军仍继续增调兵力包围和进攻这一地区。5 月 10 日,国共双方代表虽然专门就中原地区停止武装冲突签订了《汉口协定》,但国民党军拒不执行。至 6 月将中原军区部队 5 万余人分割包围在以宣化店为中心的罗山、光山、商城、经扶(今新县)、礼山(今大悟)之间纵横不足百里的狭小地区内,解放区面积已不及原先的 1/10。为避免内战,中共中央多次同国民党政府交涉,表示愿意让出中原解放区,将部队和平转移

到其他解放区。但国民党政府一意孤行，至6月下旬，用于包围中原军区部队的兵力增至10个整编师约30万人，26日拂晓，国民党军开始向黄安以西、经扶以东、孝感以北的中原军区部队阵地大举进攻，占领沙窝、邓店、浒湾等地。这是国民党发动全面内战的起点。

中共中央和中央军委鉴于中原解放区处于国民党军重兵包围之中，势孤力单，多次指示中共中央中原局和中原军区，准备以主力向西突围，转移至豫西、鄂西、陕南、川东地区，并在这些地区长期坚持，以牵制敌人，配合其他解放区作战。在国民党军进攻迫在眉睫之时，中共中央于6月23日明确指示立即突围，

▼中原突围纪念馆

生存第一,胜利第一。

中原突围,揭开了解放战争的序幕。中原军区部队突破国民党军的重重包围和堵截,胜利完成了战略转移任务,保存了力量,牵制了国民党军兵力,从战略上有力地策应了华北、华东解放区部队的作战。

十、令人流连忘返的自然风光

在这块神秘的土地上,具有丰富而独特的自然与人文旅游资源,如国家 AAAAA 级旅游景区的道教圣地武当

▼武当山雪景（道教圣地）

山，国家级自然保护区—国家森林公园—国家地质公园的天堂寨、襄阳古城及古隆中等驰名中外。

▲美丽的天堂寨（大别山）

▲刘备三顾茅庐——古隆中

▼南漳五道峡

▲信阳鸡公山

▼麻城红杜鹃

2

武当–桐柏–大别成矿带的优势矿产

Wudang–Tongbai–Dabie Chengkuangdai De Youshi Kuangchan

武当-桐柏-大别成矿带矿产资源丰富，矿种齐全，截至目前已发现有铁、铬、锰等40余种，大、中、小型矿床(点)500余处，超大型金属矿床3处。其中优势矿种主要有钼、金、银、铅、锌、铜、铁、稀土、金红石等金属矿产和天然碱、膏盐、萤石、重晶石、硅石、花岗岩、瓦板岩等非金属矿产，具有集群成带分布特点。

一、最优势矿种——钼矿

1. 分布特点

钼矿是本区最优势矿种，目前已发现河南千鹅冲、安徽沙坪沟超大型矿床两处，大中型矿床多处，已成为我国最重要的钼矿带。钼矿主要分布于信阳—北淮阳一带，呈近东西向分布，少数分布于桐柏山-大别山腹地，矿床成因与燕山期斑岩体有关。另外在寒武系底部黑色岩系中也广泛分布有沉积中小型钼矿，并伴生有钒、银、铀等，主要分布在武当隆起周缘和大狼山地区。

钼在自然界中的主要产出形式是辉钼矿。钼是一种过渡元素，极易

▲钼

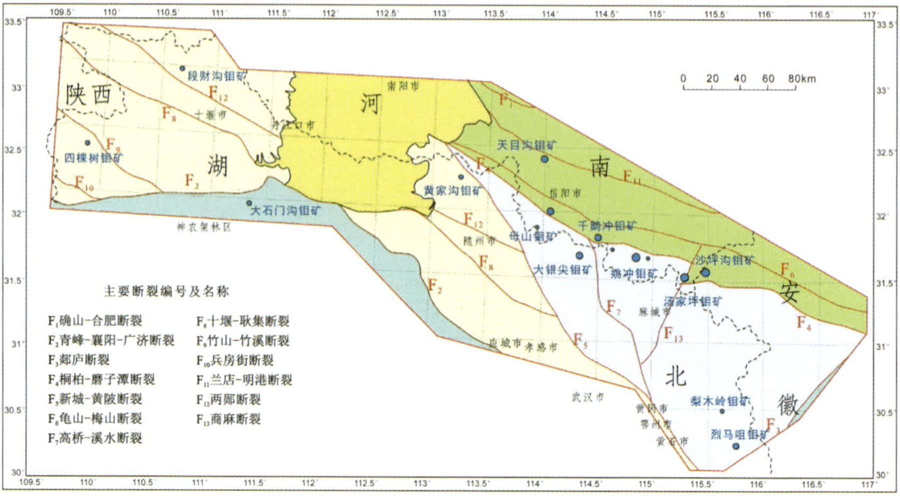

▲武当–桐柏–大别成矿带钼矿分布图

改变其氧化状态，在体内的氧化还原反应中起着传递电子的作用。在氧化的形式下，钼很可能处于+6价状态。虽然在电子转移期间它也很可能首先还原为+5价状态，但是在还原后的酶中也曾发现过钼的其他氧化状态。

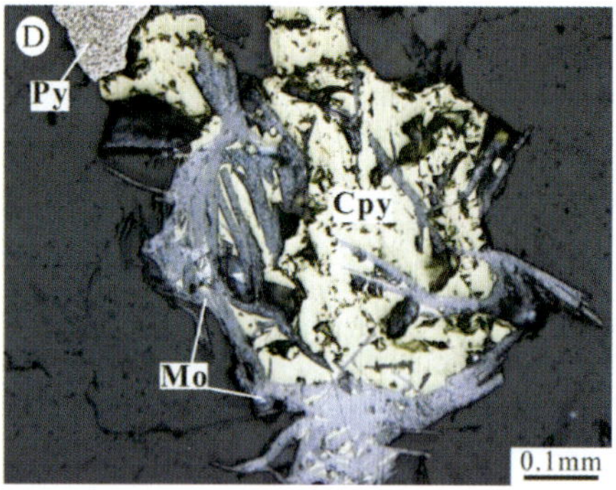

▲辉钼矿显微镜下照片

2. 生理作用

钼是七种重要微量营养元素之一，也是动物体内肝、肠中黄嘌呤氧化酶、醛类氧化酶的基本成分之一，同时也是亚硫酸肝素氧化酶的基本成分。研究表明，钼还有明显的防龋作用，对尿结石的形成也有强烈的抑制作用，人体缺钼易患肾结石。钼是第二、第三类过渡元素中已知唯一对人必不可少的元素，人体内总含量为9mg，尤以肝、肾中含量最高。与同类过渡元素相比，钼的毒性极低，甚至可认为基本无毒。当然，过量的摄入也会加速人体动脉壁中弹性物质缩醛磷脂的氧化。所以，土壤含钼过高的地区，癌症发病率较低但痛风病、全身性动脉硬化的发病率较高。

钼是植物体内固氮菌中钼黄素蛋白酶的主要成分之一，也是植物硝酸还原酶的主要成分之一，还能激发磷酸酶活性，促进作物内糖和淀粉的合成与输送，有利于作物早熟。钼是植物体内必需的微量元素之一，约占植物干物重的 0.5×10^{-6} 左右，是不可缺少和不可替代的。近年来国内外广泛采用钼酸铵作为微量元素肥料，能显著地提高豆类植物、牧草及其他作物的质量和产量。这主要是钼能促进根瘤菌和其他固氮生物对空气中氮的固定，并将氮元素进一步转化成植物所需的蛋白质。钼也能促进植物对磷的吸收和在植物体内发挥其作用。钼还能加快植物体内糖类的形成与转化，提高植物叶绿素的含量与稳定性，提高维生素的含量。不仅如此，钼还能提高植物的抗旱抗寒能力以及抗病性。

3. 工业价值

钼为银白色金属，熔点高达2620℃，且有良好的高温性能和耐腐蚀性能，钼作为钢的合金化元素，可以提高钢的强度，特别是高温强度和韧性；提高钢在酸碱溶液和液态金属中的抗蚀性；提高钢的耐磨性和改善淬透性、焊接性和耐热性。钼是一种良好的形

▲钼酸铵药品

成碳化物的元素，在炼钢的过程中不氧化，可单独使用也可与其他合金元素共同使用。

钼与铬、镍、锰和硅等可制造不同类型的不锈钢、工具钢、高速钢和合金钢等。所制成的不锈钢具有良好的耐腐蚀性能，可用作石油开采的耐腐蚀钢管。一种加钼约6%的不锈钢可取代钛用于海水淡化装置、远洋船舶、海上石油及天然气开采管道。这类不锈钢还可以用于汽车外壳、污水处理设备等。含钼工具钢的效率是钨工具的两倍，性能优良，成本低廉且重量较轻。钼系列高速钢具有碳化物不均匀性、耐磨、韧性好、高温塑性强等优点，适用于制造成型刀具。含钼合金钢可用于制造机床结构部件、工业车辆和推土设备。在轧制状态下有微细珠光体组织的含钼合金钢，是铁轨和桥梁建设中的重要钢材。钼作为铁的合金添加剂，有助于形成完全珠光体的基体，能改善铸铁的强度和韧性，提高大型铸件组织的均匀性，还可以提高热处理铸件的可淬性。含钼灰口铸铁具有很好的耐磨性，可作重型车辆的闸轮和刹车片等。

▲钼合金制作的钢管及线圈

▲钼坩埚

二、类型多样的铜矿

（一）分布特点

武当-桐柏-大别成矿带铜矿床(点)多达200余处，分布广泛，其中大型矿床1处、中型矿床3处，有6种成因类型。①VMS型：以河南刘山岩中型铜锌矿床为代表，主要分布在北淮阳构造带内；②岩浆熔离型：以河南周庵大型铜镍矿床为代表，主要分布在桐柏—随枣地区；③岩浆热液型：主要分布在随州—大悟一带，代表矿床为湖北芳畈铜矿、石堰铜矿、银洞冲铜矿等；④变质热液型：广泛分布于南秦岭地区，湖北银洞坪、姚坪东坡、董家湾、白家山等铜矿，但规模小，多为矿点及小型矿床；⑤矽卡岩型：分布于南大别构造带，代表矿床有中型刘元、赤铜山铜矿；⑥斑岩型：主要分布在北淮阳构造带内，作为共生矿种产于斑岩型钼矿内，代表性矿床有安徽西冲铜钼矿、沙坪沟钼矿等。

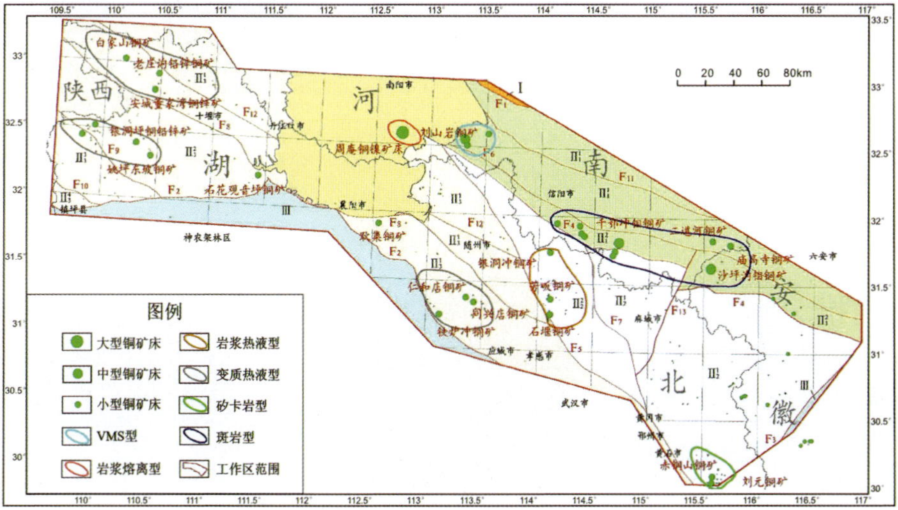

▲武当-桐柏-大别成矿带铜矿分布图

（二）柔软的金属

铜是一种过渡元素，化学符号 Cu，英文 Copper，原子序数 29。自然界中，Cu 主要以三种形式产出，即自然铜（纯铜）、铜的硫化物（黄铜矿、辉铜矿、斑铜矿、黝铜矿、砷黝铜矿）及蓝铜矿、铜绿等铜的碳酸盐。

纯铜是柔软的金属，表面刚切开时为红橙色带金属光泽，单质呈紫红色；黄铜矿多呈不规则粒状及致密块状集合体，也有肾状、葡萄状集合体，铜黄色，常有暗黄或斑状锖色；辉铜矿以其暗铅灰色、低硬度和弱延展性区别于其他含铜硫化物；斑铜矿是铜和铁的硫化物（Cu_5FeS_4）矿物，表面易氧化呈蓝紫斑状的锖色；黝铜矿和砷黝铜矿呈钢灰至铁黑色，半金属光泽；蓝铜矿是含铜的碳酸盐矿物，有绿色、孔雀绿色、暗绿色等；铜绿为铜器表面经二氧化碳或醋酸作用后生成的绿色碱式碳酸铜。

自然铜

黄铜矿

(三)铜的价值与用途

1. 工业价值与用途

在许多电器产品中（如电线、母线、变压器绕组、重型马达、电话线和电话电缆），铜的使用寿命都相当长；其他含铜的电器和电子产品（如小型电器和消费电子产品）的使用寿命则比较短，一般是5～10年。

日常生活中，铜常用于小轿车的散热器和配线等。在化学工业中广泛应用于制造真空器、蒸馏锅、酿造锅等；在国防工业中用以制造子弹、炮弹、枪炮零件等，每生产300万发子弹，需用铜13～14t；在建筑工业中用作各种管道、管道配件、装饰器件等。

▼铜丝制作的电线

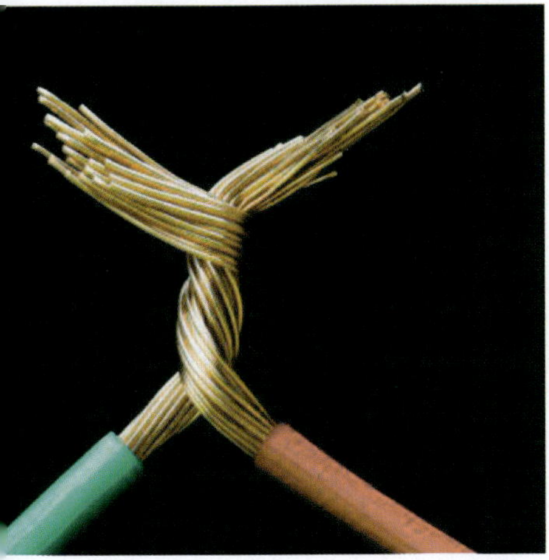

2. 医学

自20世纪50年代以来，人们就发现铜有非常好的医学用途。20世纪70年代，中国医学发明家刘同庆研究发现，铜元素具有极强的抗癌功能，并成功研制出相应的抗癌药物“克癌症7851”，在临床上获得成功。后来，墨西哥科学家也发现铜有抗癌功能。21世纪，英国研究人员又发现，铜元素有很强的杀菌作用。相信不久的将来，铜元素将为提高人类健康水平做出巨大贡献。

3. 有机化学

在有机化学中，有机铜锂化合物是一类重要的金属有机化合物。

4. 合金

铜与锌的合金，可以用于制作锣、钹、铃、号等乐器；铜与锌、锡的合金抗海水侵蚀，可用于制作船的零件、平衡器；铜与锡、磷的合金坚硬，可制弹簧；白铜是铜与镍的合金，常用于制造硬币、电器、仪表和装饰品；铜与金的合金可用于制作首饰、装饰品。

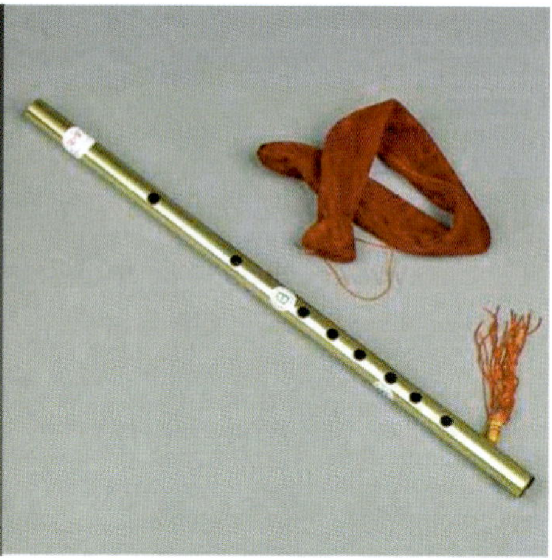

▲生活中用铜制作的乐器

三、价值永恒的贵金属

银金矿是本区优势矿种，点多，分布广，共发现中型以上矿床 17 处，小型矿床及矿点 209 处，主要分布在桐柏山南、北两麓，包括河南老湾、银洞坡，湖北卸甲沟、黑龙潭等大中型金矿和破山超大型银矿。其次分布在武当隆起北西缘，包括银洞沟大型银金矿、佘家院子中型银金矿。再者分布于北淮阳和大别山北麓的东西向火山岩盆地中，东部晓天盆地和西部皇城山一带。此外，在大别山西南缘的大崎山、大磊山、梅川三大岩体周边也分布有三十余处金矿床。

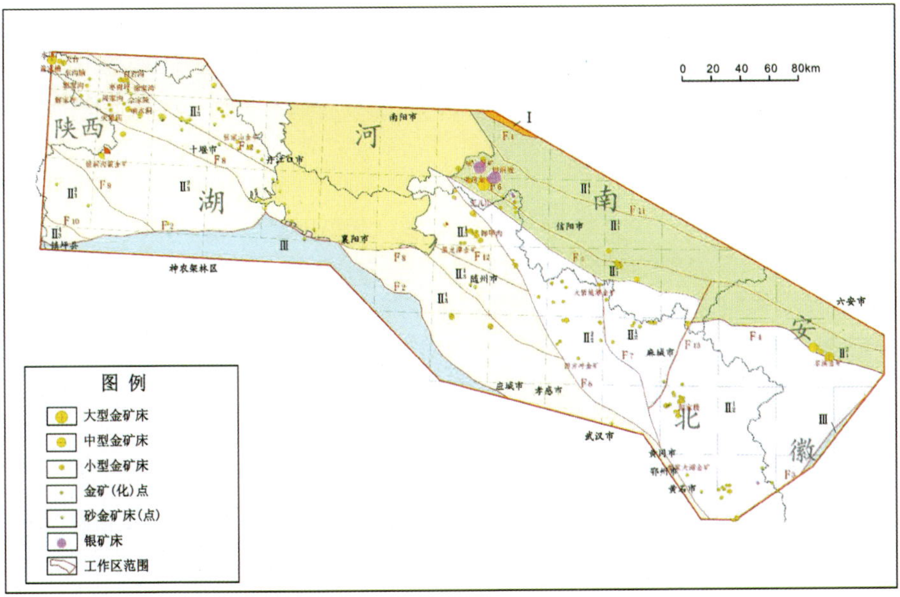

▲武当–桐柏–大别地区的金、银分布图

1. 金

金是一种广受欢迎的贵金属元素，化学符号 Au，原子序数 79。金的单质（游离态形式）通称黄金，一直以来都被用作货币、保值物及珠宝。

在自然界中，金以单质的形式出现在岩石的金块或金粒、地下矿脉及冲积层中，亦常与银形成合金。金的单质在室温下为固体，密度高、柔软、光亮、抗腐蚀，其延展性是已知金属中最高的。天然金通常会含 8%～10%的银，而银含量超过 20%称为银金。当银含量上升时，物件的颜色会变得较白，质量变得较轻。

▲货币

金是一种过渡金属，在溶解后可以形成三价及单价正离子。金与大部分化学物质都不会发生化学反应，但可以被氯、氟、王水及氰化物侵蚀。金能够被水银溶解，形成汞齐（但这并非化学反应），能够溶解银及贱金属的硝酸不能溶解金。

▲**中国文化遗产标志——商周时期太阳神鸟金箔纹饰**（由黄金打造，外径 12.5cm，内径 5.29cm，厚 0.02cm，重 20g，采用精湛的切割技术制造而成）

（1）用作国际储备。这是由黄金的货币商品属性决定的。由于黄金的优良特性，历史上黄金充当货币的职能，如价值尺度、流通手段、储藏手段、支付手段和世界货币。20 世纪 70 年代以来黄金与美元脱钩后，

科普小贴士

“太阳神鸟”出土于四川成都金沙遗址，画面是四只神鸟围绕着太阳飞行。这是本世纪中国考古的一个重大发现。图案构图严谨、线条流畅、极富美感，是古代人民“天人合一”的哲学思想、丰富的想象力、非凡的艺术创造力和精湛的工艺水平的完美结合。

黄金的货币职能也有所减弱，但仍保持一定的货币职能。许多国家，包括西方主要国家的国际储备中，黄金仍占有相当重要的地位。

（2）用作珠宝装饰。华丽的黄金饰品一直是一个人社会地位和财富的象征。

（3）在工业与科学技术上的应用。金具备有独一无二的完美性质，它具有极高的抗腐蚀稳定性、良好的导电性和导热性；金的原子核具有较大捕获中子的有效截面；对红外线的反射能力接近 100%；在金的合金中具有各种触媒性质；金还有良好的工艺性，极易加工成超薄金箔、微米金丝和金粉；金很容易镀到其他金属和陶器及玻璃的表面上，在一定压力下金容易被熔焊和锻焊；金可制成超导体与有机金等。正因为有这么多有益性质，它有理由广泛应用到最重要的现代高新技术产业中，如电子技术、通讯技术、宇航技术、化工技术、医疗技术等。

2. 银

银是白色有光泽的过渡金属的一种，化学符号 Ag，是一种重要的贵

▲货币

▲银制品

▲银锭

触材料、复合材料和焊接材料。银和银基电接触材料可以分为纯银类、银合金类、银氧化物类、烧结合金类。全世界银和银基电接触材料年产量为2900～3000t。复合材料是利用复合技术制备的材料，分为银合金复合材料和银基复合材料。从节银技术来看，银复合材料是一类大有发展前途的新材料。银的焊接材料有纯银焊料、银-铜焊料等。

卤化银感光材料是用银量最大的领域之一。目前生产和销售量最大的几种感光材料是摄影胶卷、相纸、X光胶片、荧光信息记录片、电子显微镜照相软片和印刷胶片等。20世纪90年代，世界照相业用银量为6000～6500t。由于电子成

金属，在古代就已知并加以利用。银在自然界中有单质存在，但绝大部分是以化合态的形式存在于银矿石中。银的理化性质均较为稳定，导热、导电性能很好，质软，富延展性，其反光率极高，可达99%以上。

（1）用作电子电器材料。电子电器是用银量最大的行业，其使用分为电接

▲银制作的相机胶卷

像、数字化成像技术的发展，使卤化银感光材料用量有所减少，但卤化银感光材料的应用在某些方面尚不可替代，仍有很大的市场空间。

(2)用作化学化工材料。一是用作催化剂，如广泛用于氧化还原反应和聚合反应，用于处理含硫化物的工业废气等；二是电子电镀工业制剂，如银浆、氰化银钾等。

(3)用作工艺饰品。银具有诱人的白色光泽、较高的化学稳定性和收藏观赏价值，深受人们的青睐，因此有“女人的金属”之美称，广泛用作首饰、装饰品、银器、餐具、敬贺礼品、奖章和纪念币等。银首饰在发展中国家有广阔的市场，银餐具备受家庭欢迎。银质纪念币设计精美，发行量少，具有保值增值功能，深受钱币收藏家和钱币投资者的青睐。20 世纪 90 年代仅造币用银每年保持在 1000～1500t，占银的消费量 5%左右。

(4)在生物体中的作用。银的离子以及化合物对某些细菌、病毒、藻类以及真菌显现出毒性，但对人体却几乎是完全无害的。银的这种杀菌效应使得它在活体外就能够将生物杀死。然而，银制品的测试以及标准化却存在很大难度。

▲银首饰

四、战略性新兴矿产——稀土矿

1. 分布特点

稀土矿主要分布于武当隆起西南缘和湖北广水地区。前者主要为轻稀土矿，产于早古生代碳酸岩碱性岩体中，已发现矿床十余处，具有代表性的是庙垭天宝、杀熊洞、土地岭等大型铌稀土矿床。湖北广水地区分布重稀土矿，矿床产于中元古界黄麦岭组中，已发现中型矿床1处，矿点多处。

2. 工业维生素

稀土有“工业维生素”的美称，如今已成为极其重要的战略资源，包括镧系元素在内。稀土元素氧化物是指

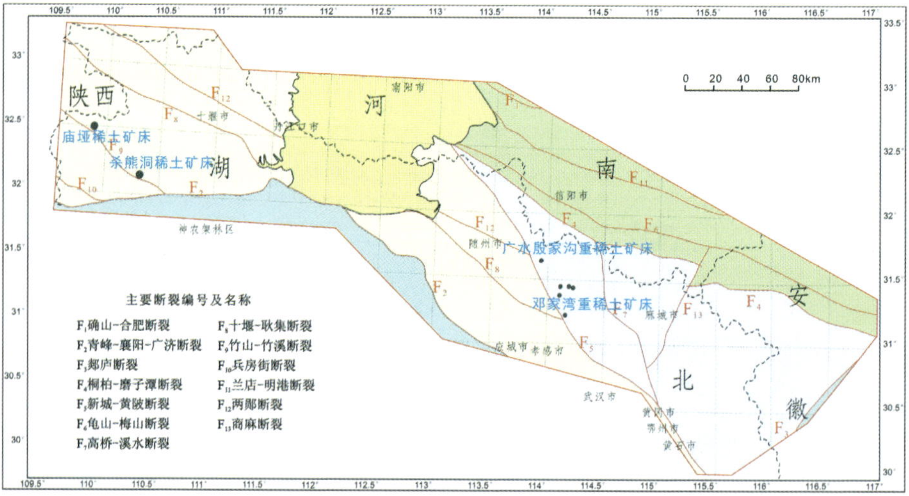

▲武当-桐柏-大别成矿带稀土矿分布图

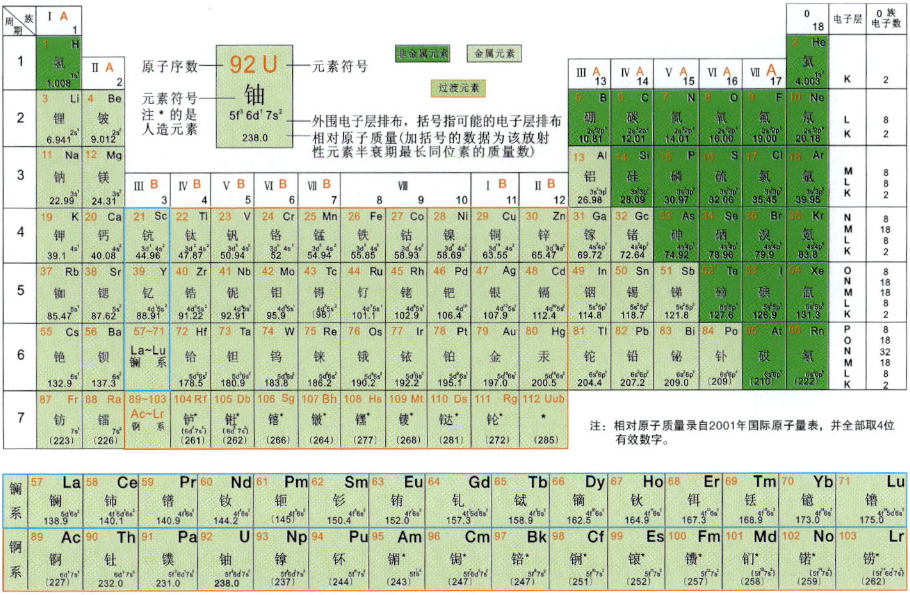

▲稀土元素在元素周期表中的位置

元素周期表中原子序数为 57～71 的 15 种镧系元素氧化物，以及与镧系元素化学性质相似的钪(Sc)和钇(Y)共 17 种元素的氧化物。稀土元素在石油、化工、冶金、纺织、陶瓷、玻璃、永磁材料等领域都得到了广泛应用，随着科技的进步和应用技术的不断突破，稀土氧化物的价值将越来越大。

3. 稀土的价值与用途

(1)用于军事。稀土有工业“黄金”之称，由于它具有优良的光电磁等物理特性，能与其他材料组成性能各异、品种繁多的新型材料。最显著的功能是大幅度提高其他产品的质量和性能，比如大幅度提高用于制造坦克、飞机、导弹的钢材、铝合金、镁合金、钛合金的战术性能。稀土同样是电子、激光、核工业、超导等诸多高科技的润滑剂。稀土科技一旦用于军事，必然带来军事科技的跃升。从一定意义上说，美军在冷战后几次局部战争中压倒性控制，正缘于稀土科技领域的超人一等。

（2）用于冶金工业。稀土金属或氟化物、硅化物加入钢中，能起到精炼、脱硫、中和低熔点有害杂质的作用，并可以改善钢的加工性能；稀土硅铁合金、稀土硅镁合金作为球化剂生产稀土球墨铸铁，由于这种球墨铸铁特别适用于生产有特殊要求的复杂球铁件，被广泛用于汽车、拖拉机、柴油机等机械制造业；稀土金属添加至镁、铝、铜、锌、镍等有色合金中，可以改善合金的物理化学性能，并提高合金室温及高温机械性能。

（3）用于石油化工。用稀土制成的分子筛催化剂，具有活性高、选择性好、抗重金属中毒能力强的优点，因而取代了硅酸铝催化剂用于石油催化裂化过程；在合成氨生产过程中，用少量的硝酸稀土为助催化剂，其处理气量比镍铝催化剂大1.5倍；在合成顺丁橡胶和异戊橡胶过程中，采用环烷酸稀土-三异丁基铝型催化剂，所获得的产品性能优良，具有设备挂胶少、运转稳定、后处理工序短等优点；复合稀土氧化物还可以用作内燃机尾气净化催化剂，环烷酸铈还可用作油漆催干剂等。

（4）用于玻璃陶瓷。主要包括超导陶瓷、压电陶瓷、导电陶瓷、介电陶瓷及敏感陶瓷等。

▲稀土元素参与制作的风力发电站和航天器材

(5)用于农业。研究结果表明，稀土元素可以提高植物的叶绿素含量，增强光合作用，促进根系发育，增加根系对养分吸收。稀土还能促进种子萌发，提高种子发芽率，促进幼苗生长。除了以上主要作用外，还具有使某些作物增强抗病、抗寒、抗旱的能力。

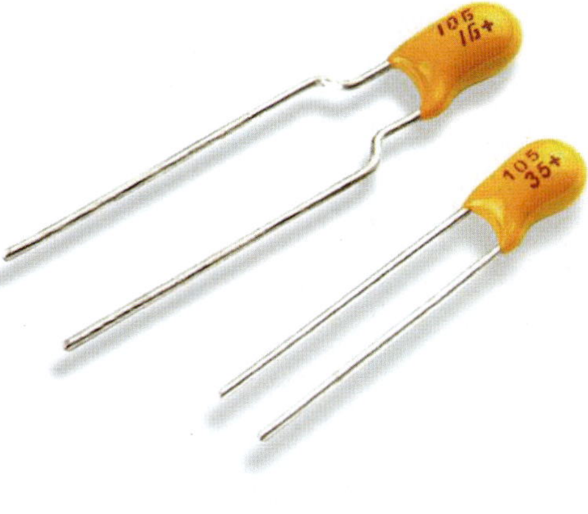

▲富含稀土元素的黏土制作而成的陶瓷、围棋及被广泛运用于军事工业的钽电容

五、变质而成的金红石矿

1. 分布特点

金红石矿分布于桐柏—大别的南部地区，已发现矿床点十余处，主要有岩浆分异形成的岩浆岩型矿床和超高压变质形成的榴辉岩型矿床。前者以枣阳大阜山大型金红石矿床为典型代表，后者以岳西碧溪岭金红石矿床为代表。此外，在安徽宿松—潜山地区还发育一系列金红石砂矿，系第四系冲积成因。

▼自然界中的金红石

2. 金红石的价值与用途

金红石就是较纯的二氧化钛，一般含二氧化钛在95%以上，是提炼钛的重要矿物原料，但在地壳中储量较少。

它具有耐高温、耐低温、耐腐蚀、高强度、小比重等优异性能，被广泛用于军工航空、航天、航海、机械、化工、海水淡化等方面。金红石本身是高档电焊条必需的原料之一，也是生产金红石型钛白粉的最佳原料。

金红石中的二氧化钛广泛应用于光触媒材料中，添加镧系稀土元素、纳米氧化锌吸波材料、硅藻土、硅碳链纳米聚合物等纯天然矿物质，经科学配制和特殊加工工艺制作而成。其内部孔隙的孔径在0.27～0.98nm之间，呈晶体排列，带弱电性，同时具有较好的光氧化活性，而甲醛、苯、甲苯、二甲苯等有机物分子直径都在0.4～0.62nm之间，且都是极性分子，容易被金红石吸附并光氧化分解成H_2O和CO_2。

六、分布广泛的铁矿

1. 分布特点

铁矿分布广泛，其中武当地区和桐柏山地区相对密集。成因类型主要有两种：一是与基性—超基性岩体有关的钛磁铁矿；二是与变质火山沉积岩有关的超贫磁铁矿。与变质火山沉积岩有关的超贫磁铁矿主要产出于武当、随枣地区耀岭河群地层中，已发现大中型矿床十余处，如陈家垭、吴家梁大型超贫磁铁矿，小型矿床或（矿点）上百处，品位低。而产于基性—超基性岩中钛磁铁矿床相对较少，主要矿床有银洞山大型钛磁铁矿床、三里岗一带中小型钒钛磁铁矿。另外，在大别山地区也分布有一系列沉积变质型铁矿。

2.“三最”金属

铁是世界上发现最早、利用最广、用量最多的一种金属，其消耗量约占金属总消耗量的95%。铁元素(Ferrum)的原子序数26，符号Fe。在元素周期表上，铁是第四周期第八副族($Ⅷ_B$)的元素，它与钴和镍同属四周期$Ⅷ_B$族。铁的原子量平均为55.847

(当 ^{12}C=12.000 时)。铁的原子半径取 12 配位数时,为 1.26×10^{-10}m。铁的原子体积为 7.1cm³/mol,原子密度为 7.86g/cm³。

3. 种类繁多

铁矿物种类繁多,已发现的铁矿物和含铁矿物约 300 余种,其中常见的有 170 余种。但在当前技术条件下,具有工业利用价值的主要是磁铁矿、赤铁矿、磁赤铁矿、钛铁矿、褐铁矿和菱铁矿等。

(1)磁铁矿。主要成分为 Fe_3O_4,等轴晶系,单晶体常呈八面体,较少呈菱形十二面体。在菱形十二面体面上,长对角线方向常现条纹。集合体多呈致密块状和粒状,颜色为铁黑色,条痕为黑色,半金属光泽,不透明。硬度 5.5～6.5,相对密度 4.9～5.2,具强磁性。

▼自然界和显微镜下磁铁矿的形态

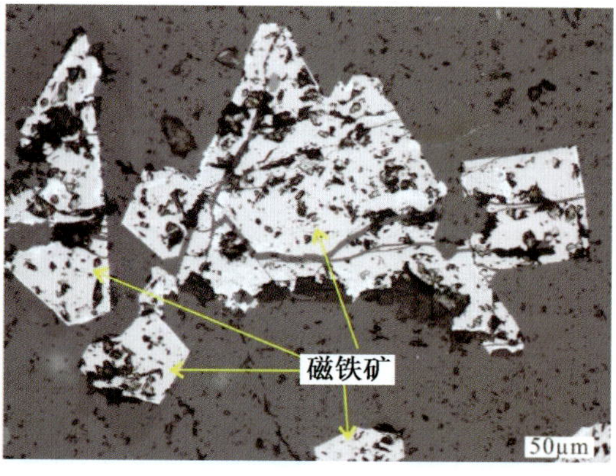

(2)赤铁矿。赤铁矿中主要成分为 Fe_2O_3,自然界中 Fe_2O_3 的同质多象变种已知有两种,即 α- Fe_2O_3 和 γ- Fe_2O_3。前者在自然条件下稳定,称为赤铁矿;后者在自然条件下不如 α-Fe_2O_3 稳定,处于亚稳定状态,称为磁赤铁矿。

赤铁矿的集合体有各种形态,形成一些矿物亚种,即:①镜铁矿为具

▲自然界下赤铁矿的形态

金属光泽的玫瑰花状或片状赤铁矿的集合体；②云母赤铁矿为具金属光泽的晶质细鳞状赤铁矿；③鲕状或肾状赤铁矿为形态呈鲕状或肾状的赤铁矿。

（3）褐铁矿。褐铁矿实际上并不是一个矿物种，而是针铁矿、纤铁矿、水针铁矿、水纤铁矿以及含水氧化硅、泥质等的混合物。

针铁矿：化学成分变化大，含水量变化也大，含不定量的吸附水者，称水针铁矿。斜方晶系，形态有针状、柱状、薄板状或鳞片状，通常呈豆状、肾状或钟乳状，切面具平行或放射纤维状构造，有时呈致密块状、土状，也有呈鲕状，颜色红褐、暗褐至黑褐，经风化而成的粉末状、赭石状褐铁矿则呈黄褐色。针铁矿条痕为红褐色，硬度 5～5.5，相对密度 4～4.3。而褐铁矿条痕则一般为淡褐或黄褐色，硬度

1～4，相对密度3.3～4。

纤铁矿：含Fe 62.9%，含不定量的吸附水者，称水纤铁矿，斜方晶系，常见鳞片状或纤维状集合体，颜色暗红色至黑红色，条痕为橘红色或砖红色，硬度4～5，相对密度4.01～4.1。

（4）钛铁矿。主要成分为$FeTiO_3$，即钛酸亚铁，其中Fe的质量分数约为36.803 141 054 9%。三方晶系，菱面体晶类。常呈不规则粒状、鳞片状或厚板状。在950℃以上钛铁矿与赤铁矿形成完全类质同象。钛铁矿主要出现在超基性岩、基性岩、碱性岩、酸性岩及变质岩中。

（5）菱铁矿。主要成分为$FeCO_3$，常含Mg和Mn。常见菱面体，晶面常弯曲，其集合体成粗粒状至细粒状，亦有呈结核状、葡萄状、土状者，黄色、浅褐黄色（风化后为深褐色），玻璃光泽，硬度3.5～4.5，相对密度3.96左右。

（6）黄铁矿。主要成分为FeS_2，黄铁矿因其浅黄铜的颜色和明亮的金属光泽，常被误认为是黄金。晶体属等轴晶系的硫化物矿物，常有完好的

▲自然界下钛铁矿的形态

▲自然界下菱铁矿的形态

▲肉眼和显微镜下黄铁矿的形态

晶形，呈立方体、八面体、五角十二面体及其聚形。立方体晶面上有与晶棱平行的条纹，各晶面上的条纹相互垂直。集合体呈致密块状、粒状或结核状、浅黄(铜黄)色，条痕绿黑色，强金属光泽，不透明，无解理，参差状断口。

4. 铁的早期价值与用途

铁用途极广，是工业的基础，在此因篇幅所限，仅介绍早期的两种用途。

(1)彩陶。中国是世界上利用铁最早的国家之一。早在 19 000 年前，周口店“山顶洞人”就开始使用赤铁矿粉作为赭红色颜料，涂于装饰品上或者随葬撒在尸体周围。这是人类利用天然矿物颜料的开始。到新石器时代（距今 10 000～4000 年)，兴起了制陶业，并发明绘制各种风格的彩陶，绘制赭红色彩陶的原料就是赭石(赤铁矿)。

▲彩陶

(2)兵器。人类使用铁器制品至少有 5000 多年历史，开始是用铁陨石中的天然铁制成铁器。最早的陨铁器是在尼罗河流域的格泽(Gerzeh）和幼发拉底河流域乌尔(Ur）出土于公元前 4000 多年前的铁珠和匕首。目前中国最早的陨铁文物是 1972 年在河北藁城台西村商代中期（公元前 13 世纪中期)遗址中发现的铁刃青铜钺。这件古兵器经全面的科学考查，确定刃部是陨铁加热锻造成的。它表明我国商代人们已掌握一定水平的锻造技术和对铁的认识，熟悉铁加工性能，并认识铁与青铜在性质上的差别。但那时人们还不会利用铁矿石炼铁，而铁陨石又很少，所以当时的铁制品是十分珍贵的物品。

我国用铁矿石直接炼铁，早期的方法是块炼铁，后来用竖炉炼铁。在春秋时代晚期(公元前6世纪)已炼出可供浇铸的液态生铁，铸成铁器，应用于生产，并发明了铸铁柔化术。这一发明加快了铁器取代铜器等生产工具的历史进程。战国冶铁业兴盛，生产的铁器制品以农具、手工工具为主，兵器则青铜、钢、铁兼而有之。据记载，今山东临淄和河北邯郸铁矿等，春秋战国时期都已进行开采。

▼古代炼铁

七、不喜“独处”的铅锌矿

1. 分布特点

铅锌矿主要分布于北淮阳地区中生代火山岩盆地西缘的鲜花岭一带，目前已发现汞洞冲中型矿床1处，银水寺等小型矿床或矿点近10处,并共、伴生有金银铜等有用组分。在桐柏山-大别山北缘海相基性火山岩系中也见有刘山岩中型铜锌矿床和一系列小型矿床或矿点。其次位于武当山西北缘和大狼山周缘的震旦系顶部层位中,共发现小型铅锌矿床或矿点20多处,通常规模较小,如银洞凹小型铅锌矿床。此外,作为伴生矿种产于斑岩型铜、钼矿床中。

2. 具毒性的重金属铅

铅化学符号是Pb（拉丁语Plumbum），原子量207.2，原子序数82。铅是所有稳定的化学元素中原子序数最高的,族序数为IV^{A},面心立方晶胞FCC。

铅为带蓝色的银白色重金属,有毒性，是一种有延伸性的主族金属，熔点327.502℃，沸点1740℃，密度11.3437g/cm^3,比热容0.13 kJ/(kg·K),硬度1.5，原子体积18.17cm^3/mol,质地柔软,抗张强度小,用指甲便能在它的表面划出痕迹。用铅在纸上一划,会留下一条黑道道。

铅的化合物有氧化铅（又称黄丹、密陀僧)、四氧化三铅（又称红丹)、二氧化铅、三氧化二铅、硫化铅、硫酸铅、铬酸铅(又称铬黄)、硝酸铅、硅酸铅、醋酸铅、碱式碳酸铅、二盐基磷酸铅、三盐基硫酸铅等。

氧化铅(PbO):黄色或略带红色的黄色粉末或细小片状结晶,遇光易变色，空气中能逐渐吸收二氧化碳，加热到300～500℃时变为四氧化三铅,温度再高时变为一氧化铅。

四氧化三铅(Pb_3O_4):俗称红丹、铅丹,有毒,相对分子质量685.60,主要用作防锈颜料、有机合成的氧化剂、蓄电池制粉。它是一种鲜橘红色粉末或块状固体,不溶于水,但溶于热碱液、稀硝酸、乙酸、盐酸。

二氧化铅(PbO_2):棕黑色结晶或粉末,不溶于水和醇,溶于乙酸和氢氧化钠。加热易分解,溶于染料、电极等,用作氧化剂,可由漂白粉与碱性氢氧化铅溶液作用而得。

三氧化二铅(Pb_2O_3):红黄色或绿棕色粉状物,不溶于冷水或氢氧化钾溶液,可被浓酸分解为二氧化铅和氧化铅。370℃左右放出氧,余留下四氧化三铅,约530℃时余留下氧化铅。在热水中徐徐分解,可将氧化铅溶于氢氧化钠,然后通入臭氧氧化制得。可用于制取其他铅的氧化物。

硫化铅(PbS):蓝色有金属光泽立方晶体或棕黑色粉末,密度7.5g/cm³,熔点1114℃,在860℃时开始挥发,难

▼肉眼下方铅矿的形态

溶于水和碱溶液，可溶于硝酸。在空气中灼烧，可生成一氧化铅和二氧化硫。自然界中主要矿石为方铅矿，是炼铅的原料，高纯度的硫化铅用作半导体。将硫化氢通入酸性硝酸铅溶液可制得。

硫酸铅($PbSO_4$)：白色单斜或斜方结晶，密度6.2g/cm^3，熔点1170℃，溶于铵盐，微溶于浓硫酸，稍溶于水，有毒。用氧化铅加水调成浆，再加入补充水和少量醋酸，在搅拌下和硫酸反应制得。亦可用氢氧化铅或碳酸铅与热硫酸反应制得。用作草酸生产的催化剂及纤维增重剂，也可用于颜料、快干漆、铅丹、蓄电池等的生产中。

3. 第四常见金属锌

锌仅次于铁、铝、铜，其名称“Zinc”来源于拉丁文Zincum，意思是“白色薄层”或“白色沉积物”。化学符号Zn，原子序数30，相对原子质量65。锌是一种银白色略带淡蓝色金属，密度7.14g/cm^3，熔点419.5℃。在室温下，性较脆；100～150℃时，变软；超过200℃后，又变脆。锌的化学性质活泼，在常温下的空气中，表面生成一层薄而致密的碱式碳酸锌膜，可阻止进一步氧化。当温度达到225℃后，锌剧烈氧化。

锌矿有闪锌矿(ZnS)、菱锌矿($ZnCO_3$)、红锌矿(ZnO)、硅锌矿(Zn_2SiO_4)、锰硅锌矿[$(ZnMn)_2SiO_4$]、异极矿[$Zn_4Si_2O_7(OH)_2 \cdot H_2O$]等。我国的锌矿一般与铅共生，故称为铅锌矿，产地遍布全国。

(1)闪锌矿。化学成分为ZnS，为等轴晶系的硫化物矿物，成分相同而属于六方晶系的则称纤锌矿。闪锌矿含锌67.1%；通常含铁，铁含量最高可达30%，含铁量大于10%的称为铁闪锌矿；此外常含锰、镉、铟、铊、镓、锗等稀有元素。纯闪锌矿近于无色，但通常因含铁而呈浅黄色、黄褐色、棕色甚至黑色，颜色随含铁量的增加而变深；透明度相应地由透明、半透明变至不透明；光泽则由金刚光泽、树脂光泽变至半金属光泽。莫氏硬度3.5～4.0，相对密度3.9～4.2，随铁含量的增高，硬度增大而相对密度降低，具完全的菱形十二面体解理。晶体形态呈四面体或菱形十二面体，通常呈粒状集合体产出。

（2）菱锌矿。菱锌矿颜色有白色、灰色、黄色、蓝色、绿色、粉红色及褐色等多种，条痕则为白色。成分中的锌有时会被铁或锰所置换，偶尔也被少量的镁、钙、镉、铜、钴或铅所取代。与多数碳酸盐矿物类似，溶于盐酸，并会产生气泡。在方解石群中，菱锌矿属于硬度较高、相对密度较大的一种。自然界中含锌矿物以闪锌矿居多，菱锌矿的产量相对要少许多。它除了可以提炼锌外，呈半透明的绿色或绿蓝色者，亦可作为半宝石饰品之用。

（3）红锌矿。红锌矿为橙黄色，带暗红光或褐红色（红色是由 Mn 杂质引起），条痕为橘黄色，金刚光泽，六方晶系，呈致密块状体，无发光性。根据

▲肉眼下闪锌矿的形态

▼肉眼下菱锌矿的形态

其成分和颜色命名，用于提炼锌以及制造锌粉和氧化锌、氯化锌、硫酸锌、硝酸锌等，可利用红锌矿作表面弹性波器件，硬度4～5，相对密度5.64～5.68。

（4）硅锌矿。硅锌矿是一种硅酸盐矿物，呈晶体、粒状或纤维状。可无色或带绿的黄色、带黄的褐色，如果

▼肉眼下红锌矿的形态

其中含有锰则还会呈浅红色，具有玻璃光泽或珍珠光泽，透明至半透明。硅锌矿可以用来制取锌盐。当用紫外光照射时，它会发出黄绿色的荧光。硬度5～6，相对密度3.89～4.18，贝壳状断口，解理平行中等，条痕为白色。

(5)锰硅锌矿。主要产于铅锌矿床氧化带，系锌的次生矿物，常与异极矿、白铅矿等共生。此外，也见于一些接触交代矿床中，其成分中常含有多量的锰，与红锌矿、锌铁尖晶石等组合。硬度5～6，相对密度3.89～4.18，贝壳状断口，解理中等；苹果绿色或肉红色，条痕为白色或淡白色，透明至半透明，玻璃光泽或金属光泽。

4. 铅的价值与用途

(1)铅主要用于制造铅蓄电池；铅合金可用于铸铅字、做焊锡；铅还用来制造放射性辐射、X射线的防护设备；铅及其化合物对人体有较大毒性，并可在人体内积累。铅也可用作建筑材料，用在硫酸铅电池中，用作枪弹和炮弹，奖杯和一些合金中也含铅。铅还可以做成开花弹(又名达姆弹)。

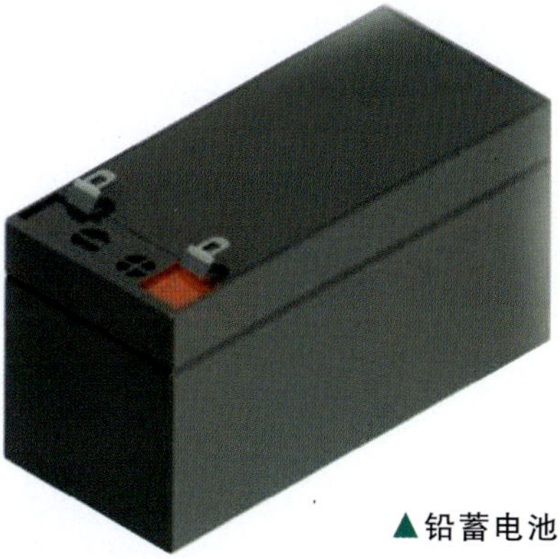

▲铅蓄电池

▲达姆弹

铅在地壳中含量不大，自然界中存在很少量的天然铅。由于含铅矿物聚集，熔点又很低(328℃)，因此在远古时代就被人们所利用。直到今天方铅矿都是人们提取铅的主要来源。远古时代人们偶然把方铅矿投进篝火中，它首先被烧成氧化物，然后受到碳的还原，形成了金属铅。铅表面在空气中能生成碱式碳酸铅薄膜，防止内部再被氧化。

铅的用途：制造铅砖或铅衣以防护X射线及其他放射线；用于制造合金；等量的铅与锡组成的焊条可用于焊接金属；制活字金；铅与锑的合金熔点低，用于制造保险丝；用于制造铅弹。

年代久远的铅不但纯净、致密，而且放射性也比新开采出的金属低得多，所以是制作高精度物理实验中屏蔽装置的理想材料。但是，因为年代久远的铅同时也具有珍贵的历史价值，所以许多历史学家反对将它们熔掉。

2007年全球铅的消费比例为：汽车蓄电池69.7%，电缆护套2.5%，轧制材料和挤压材料6.5%，弹药、军火6.9%，合金2.8%，染料和其他化合物8.9%，其他2.7%。

(2)危害与防治。

首先，因为中国的保健行业标准还不够完善，所以不要轻信网上各种所谓的排铅口服液。

其次，要明白一点，血铅进入人体后是十分难排出的，同时血铅给人，尤其是儿童，造成的伤害是不可逆的，因此要格外重视血铅超标问题。对于儿童铅超标(只要高于60就要积极应对，理想状态是0)，只有两件事可做：①杜绝可能吸收铅的来源；②补充均衡的膳食营养。原因是：①城市污染的大环境无法改变，汽车尾气中含有大量的铅；②要多吃些富含矿物质(尤其是铁和钙)和维生素(尤其是C)的食物，这样可以减少肠胃对铅的吸收。

排铅只能靠自身的代谢作用和血铅转换为不溶解的骨铅的方式进行，即“进的少，出的多”，血铅含量自然就会降低了。儿童的排铅能力较为低下，长大后情况才会好转。如果血铅含量过高(一般是因为职业病等因素)，则必须通过服用药物(金属络合剂，其易于与铅结合而不易于与钙、铁等元素结合)进行治疗，但此类药物一般有副作用，可导致钙等元素流失，因此必须在医师的指导下进行。

5. 锌的价值与用途

（1）镀锌。世界上锌的全部消费中大约有一半用于镀锌，约10%用于黄铜和青铜，不到 10%用于锌基合金，约 7.5%用于化学制品，约 13%用于制造干电池，以锌饼、锌板形式出现。据国际铅锌研究组，2004 年全球锌消费量比 2003 年的 985×10^4t 增长 4.8%，2005 年又增长 4.3%，2005 年中国占世界锌消费总量的 1/4，它的消费增长的部分原因是镀锌钢用量的增长。相比之下，美国可能只占全球锌需求的 1/10。

镀锌具有优良的抗大气腐蚀性能，在常温下表面易生成一层保护膜，因此锌最大的用途是用于镀锌工业。镀锌主要用于钢材和钢结构件的表面镀层（如镀锌板），广泛用于汽车、建筑、船舶、轻工等行业。

（2）锌合金。锌合金用于汽车制造和机械行业。锌具有适用的机械性能，其本身的强度和硬度不高，但加入铝、铜等合金元素后，其强度和硬度均大为提高，尤其是锌铜钛合金的出现，其综合机械性能已接近或达到铝合金、黄铜、灰铸铁的水平，其抗蠕变性能也大幅度提高。因此，锌铜钛合金已被广泛应用于小五金生产中。锌合金主要为压铸件，用于汽车、建筑、部分电气设备、家用电器、玩具等的零部件生产。

（3）制作电池与锌板。锌可以用来制作电池，如：锌锰电池以及锌空气蓄电池。此外，锌具有良好的抗电磁场性能。锌的导电

▼锌电池

率是标准电工铜的29%，在射频干扰的场合，锌板是一种非常有效的屏蔽材料，同时由于锌是非磁性的，适合做仪器仪表零件的材料、仪表壳体及钱币。同时，锌自身与其他金属碰撞不会发生火花，适合做井下防爆器材，广泛用于橡胶、涂料、搪瓷、医药、印刷、纤维等工业。锌具有适宜的化学性能，锌粉、锌钡白、锌铬黄可作颜料。氧化锌还可用于医药、橡胶、油漆等工业。

▼锌板

3

武当–桐柏–大别成矿带的几个重要金属矿山

Wudang–Tongbai–Dabie Chengkuangdai De Jige Zhongyao Jinshu Kuangshan

一、亚洲第一、世界第二大钼矿——沙坪沟钼矿床

1. 矿床简介

回顾50多年的找矿历程，安徽地矿局313地质队6次挺进大别山，几代地质人孜孜不倦地探索，经历了由实践到认识，再由认识到实践的多次反复验证。沙坪沟钼矿的发现一举改写了“大别山东段无大矿”的历史，进一步印证了武当-桐柏-大别造山带是中国最重要的金、钼多金属成矿带。

▼**沙坪沟钼矿床远景**(两山间夹一沟，此沟名沙坪沟，矿床由此得名)

沙坪沟钼矿床是安徽地矿局313地质队近些年发现和探明的一个特大型钼矿床，也是我国目前最大的钼矿床，属于单一金属钼矿床。该钼矿床位于金寨县城西南50km，南距合肥–武汉高速铁路、高速公路仅十余千米。

矿床已探明发现储量仅次于美国的科罗拉多州克莱麦克斯钼矿床，为世界第二大钼矿床。中国科学院、中国工程院院士常印佛认为，沙坪沟钼矿床具有规模大、品位高、矿体集中、经济价值高4个显著特点，其潜在经济价值超6000亿元。

2. 找矿历程

沙坪沟钼矿区地处大别山腹地，地形切割强烈、交通极为不便。直到20世纪90年代末，汽车只能通到四道河镇，距矿区还有40多千米山路。银沙矿区早在新中国成立前就曾做过地质调查，并土法开采过银矿，现有老硐遗迹数处，但无文字资料。20世纪50年代末到90年代，安徽省313地质队地质工作者曾4次进入金寨县银沙地区，先后开展过区域地质调查、物化探普查及铅锌矿普查等工作。因受当时钻探技术和成矿理论的局限，未发现具工业价值的矿体，使该区地质工作一度搁浅。

（1）四进矿区，无功而返。

1958—1959年，313地质队开展铅锌矿点检查，结论认为成因类型属中低温热充填脉状铅锌矿，特点是小而富，适于小规模开采。限于当时交通不便，普查工作未继续进行。

1969—1970年，313地质队主要对大小银山（沙坪沟钼矿床西北部）矿点进行地表工程揭露，同时对外围铅锌矿点进行了踏勘检查，认为该区为铅锌铜多金属矿成矿远景区，有进一步工作的必要。

1977—1978年，313地质队在金寨地区开展水系沉积物测量，圈出了银山Mo、Pb、Zn、Ag等元素综合异常，化探异常分布面积大、强度高，认为化探异常由地表浅部铅锌矿化引起。

1977—1981年，313地质队对银沙地区开展银矿普查，首次发现爆破角砾岩型钼矿化重要找矿线索，1978年转为以钼矿为主的多金属矿综合普查，至1981年项目下马，大致查明了铅锌矿的形态、规模、产状，空间分布具明显的规律性。

(2)锲而不舍,不负有心人。

为进一步明确找矿方向，在资深钼矿专家盛中烈的带领下,安徽省313地质队技术骨干多次赴河南栾川、汤家坪等钼矿考察,经过反复对比研究,认为沙坪沟地质特征与汤家坪斑岩钼矿类似，坚定了在沙坪沟地区寻找斑岩型钼矿的信心。

2006年,安徽地矿局正式下达了《安徽省金寨县沙坪沟钼矿普查》项目任务。

2007年,主要对沙坪沟面型黄铁绢英岩化带开展1:2000专项地质填图和地表探槽揭露，初步圈定了地表黄铁绢英岩化石英正长岩体的分布范围、蚀变分带,为钻探验证提供了依据。

▼ **沙坪沟钼矿床钻探见矿情况**
(可见细脉浸染状钼矿石、石英-辉钼矿脉呈网状分布,照片中黑色细脉即为辉钼矿)

2008 年 6 月开展验证，首孔于 512.16m 见矿，至终孔连续见厚 688.93m 的钼矿体，初步认为沙坪沟钼矿属面状矿化的厚层矿体，突破了以前的脉状矿化的束缚。

2009 年项目申请续作，采用十字剖面法对钼矿体进行追索，大致了解含矿岩体产状、形态、规模。通过工作，初步控制钼矿体长约 1000m、宽约 800m，最大控制深度 1200m。

2010 年，开展详查，在确定矿床属第 I 类勘查类型后，加密布置了勘探线，在详查段以外进一步控制矿体的边界。

2011 年，进行勘探，全矿床共估算钼金属量 245×10^4t。

二、深部突破、再焕光彩的超大型金矿——老湾金矿床

1. 矿床简介

老湾金矿床地处桐柏山北坡，处在桐柏造山带古生代增生块体与中生代碰撞增生带结合部位。1986 年以来，在该区域内进行了大量的地质勘探工作，2012—2014 年，桐柏老湾金矿深部及外围预查取得重大进展，新提交了金资源量超过 20t 的新的金矿体。

老湾金矿床夹持于松扒断裂带和老湾断裂带之间，含金岩系为老湾岩组。该矿床位于豫南山地的西段、桐柏山北麓，行政区划上隶属于桐柏县、唐河县、泌阳县，面积 1649km²，是国土资源部 2013 年批准设立的第三批整装勘查区。截至目前，这个针对特大金矿项目投入的勘查资金仅 8000 多万元，施工 80 个钻孔，钻探 5×10^4m，已控制 84 条金矿体，新增金金属量已达 120t，延长矿山服务年限 80 年。

▲老湾金矿床地表露天采坑

2. 找矿历程

(1)第一次“上马”和“下马”。

20世纪70年代初期，河南省区测队进行了1:5万区域地质调查，在老湾地区路途中发现了石英脉，它长1.5m，含金364.88×10^{-6}和银300×10^{-6}，揭开了第一次找矿“上马”。随后，1976年河南省地质八队正式开展普查找矿工作，取得了较好的地质成果。在工作处的13km一段，圈出激电异常18个，化探异常22个，多数与现象吻合，同时找到了矿(化)脉86条。在后续工作中，验证异常的4个钻孔，有3个见到向南倾斜的顺层矿化工业矿体，真厚度及品位都大于工业要求。

河南省地质八队通过普查工作，确立了老湾金矿化带，圈出了工作重点区段，提出了除地表出露斜切地层的脉状矿体外，还发现了与物探（电法）异常有关的南倾顺层矿化隐伏矿体存在。这次普查工作中，多数人注重了地表出露的脉状矿体，认为小而复杂，变化大。然而没有认真分析成矿地质背景，没有把贵金属金矿同一般多金属矿的特殊性区分开来，更重要的是对物探、化探成果重视不够，所以在成果尚未完全出来的情况下，为了保证矿区工作的准确性，决定于1977年下半年终止普查工作而“下马”。

(2)第二次“上马”和“下马”。

1979年，河南省地质十二队又一次进行普查，标志了第二次“上马”，同时在工作地区5km长的范围内先后对6个激电异常（其中5个伴有化探异常）施工验证。其中3个异常见到顺层矿化的似层状隐伏矿体，2个异常都不同程度地见矿或矿化段。1号激电异常区没有化探异常，验证结果没见到矿和矿化带。

1982年9月，项目第二次被“下马”。原设计1983年的钻探项目5000m，砍剩了只有几百米，同时为了应付普查报告提交，这些工作量主要用在了受脆性构造控制的北西向脉状矿体上。尽管该次普查时间不长，但表明这个带具有良好的成矿条件，是一个找金矿很有远景的地区。该次普查工作前期主攻与物探、化探异常有关的顺层矿化似层状矿体，后期工作方向转向受脆性构造控制的脉状矿体。在物探、化探测量的基础上继续开展地表及钻孔原生晕测量，并找到了3个似层状矿体。

此次工作中，有人认为该区带并不利于成矿，矿体小，变化大，不可能形成规模大的矿床，但仍有一部分人依然对找矿存在较大信心。钻孔的预定部位见矿、圈出的化探异常连接的事实，坚定了他们在矿区工作的找矿信心。但在后续工作中，所圈出的钻孔化探原生晕异常向下规模变大、强度变高的趋势，并没有引起更多人的重视。

(3)第三次“上马”和勘探突破。

1986年，国家对黄金勘探实行储量承包的特殊政策，掀起找金矿的热潮。原来在矿区的工作者纷纷主张再次“上马”。随后在河南省地质局协调下，把老湾金矿带分段划归由河南省三地调队、四地调队共同开展工作。

1986年，两队开始认真分析以前的资料和物探、化探成果，认为施工较深的钻孔是寻找隐伏矿体的有效手段，以前施工的钻孔多控制在200m左右深度。

原本的工作目的是控制深部脉状矿体，但是一段时间内没有见到好矿，所以对深部找隐伏矿体及关于老湾找矿的议论又重新开始了。讨论结果是：原矿区工作者坚持施工其他两个孔，并控制顺层矿化似层状隐伏矿体，结果终于在ZK3-301孔250m以下见到主矿体真厚度9m多。至此，关于老湾金矿带有了新的突破。尽管这次关于矿体连接仍存在不同意见，但随着工作的进展和深入，最后在找矿的大方向上趋于一致，认为该矿床具有大型矿床规模的远景。

(4)深部找矿新突破。

2012—2017年，按照“就矿找矿、探边摸底”的工作部署，河南省地质矿产调查评价专项实施了“河南省桐柏县老湾金矿接替资源勘查”项目，由河南省地质矿产勘查开发局第一地质勘查院承担，主要对老湾金矿上河矿段矿体深部进行勘查。通过研究老湾金矿床的控矿构造特征及矿体侧伏规律，开展深部工程验证，深部找矿实现重大突破，上河矿段新增金资源量33t，达大型矿床规模。本次工作使老湾金矿成为桐柏-大别山地区规模最大的金矿，累计探明资源储量超过100t，对指导该区的找矿工作具有重要意义。河南老湾金矿深部找矿的新突破，带动了矿山企业后续增储勘查，可至少延长矿山服务年限20年。

三、金坡银山
——围山城金银矿集区

1. 矿床简介

河南围山城金银矿集区位于河南省南阳市桐柏县城北 24km 朱庄乡,主要由破山特大型银矿床、银洞坡大型金矿床、银洞岭大型银矿床组成。该区是我国独特的脉状银矿床和金矿床共存的多金属矿集区之一,且金、银资源量巨大。截至 2010 年,破山银矿床探明银储量 2600 多吨,银洞坡金矿床探明金储量 32 337kg;近五年(2013—2018 年),破山银矿床深部又新增银资源量 200 多吨,银洞坡金矿床新增金资源量 260kg。

破山银矿床东南距银洞坡金矿 3.5km,1975—1984 年对破山银矿进行了勘探,获得银金属储量 2662t,是国内已探明的特大规模的独立银矿。1985 年中国有色金属工业总公司建立桐柏银矿,设计日采选矿石 800t,具备采、选、冶生产能力,年产白银 40t,为 20 世纪末中国第一大银矿山。1999 年 6 月划转进入中国铜铅锌集团,2000 年 10 月下放河南省管理。2000 年企业改制分为矿业公司 (采矿、选矿)和银业公司(冶炼厂)。2004 年企业重组,为民营企业所收购。在中国科学院感光化学研究所帮助下建设的年产 100t 硝酸银生产线于 1999 年建成并投产,主要生产化学纯、分析纯、优质纯和照相级及高纯照相级等不同档次的硝酸银。历经 40 余年,迄今矿山仍在开采,且产量、品位可观,为国民经济发展做出了巨大贡献。

▲围山城矿集区地表露天采坑全貌
（整体呈背斜构造，挖掘面不断向地下延伸）

2. 找矿历程

破山银矿区自古亦有采冶活动。据《唐河县志》，明清两朝即有土法冶炼。地表矿体因开采被破坏，山头削低十余米，故名破山。观近思古，当年开采规模可见。新中国成立后，开展了大量地质工作，在河南省区测队发现刘山岩铜矿床后，1970 年经 1∶5 万普查新发现了破山银矿床，并以 100m 间距控制矿体。1974—1982 年 12 月，原河南省地质局第三地质调查队开展了本区银矿普查和勘探工作。

银洞坡金银矿区早在明朝万历年间即有采冶活动，留有许多古采遗迹。1967 —1969 年，河南省地质局区测队在桐柏地区开展 1∶5 万矿产地质调查，在路线调查、老硐调查和群

众报矿的基础上，发现银洞坡古采坑，并初步完成矿点检查工作。1974年河南省地质局八队（地调三队前身）开展普查工作，分东、西两段进行。在层控矿床和背斜构造控矿确立后，矿床规模迅速达到大型，1984—1985年完成银洞坡金矿东段勘探，同时对西段进行普查和详查。1989年，银洞坡西段转入勘探阶段。至1995年完成整个矿区勘查为止，地调三队在银洞坡金矿东、西段共探明金金属量C+D级56.263t，达超大型金矿床规模，并伴有铅、银、锌、硫、镉等有益组分，目前矿山仍在开采中。近年来，随着河南省找矿突破战略行动的开展，在该矿区深部新发现稳定、规模较大的银矿体。

科普小贴士

1959 年，地质部全国矿产储量委员会制定了中国第一个《矿产储量分类暂行规范(总则)》，其中：C 级指大致控制的储量，原则上是基本网度的 2 倍工程间距，矿体的圈定并可以有限外推，即推断的储量；D 级指以稀疏工程概略了解的储量，可无限外推，为预测的储量。

我国于 1999 年 12 月 1 日起实施的《固体矿产资源 / 储量分类》国家标准(GB/T177766—1999)，是我国固体矿产第一个可与国际接轨的真正统一的分类标准。

四、最早进行白银深加工的独立银矿山——银洞沟银矿床

1. 矿床简介

矿区位于竹山县茅塔镇北西 15km，与陕西省接壤。20 世纪 80 年代由湖北省第五地质大队勘探，矿石量 792×10^4t，银金属量 1398t，金金属量 14t。1987 年由原中国有色总公司、湖北省、竹山县等联合投资建设，设计生产能力 400t/d，年处理原矿 12×10^4t。经 2000 年以来的扩产改造，现生产能力近 20×10^4t，年产白银 20t，黄金 200kg 左右，为国内首家采、选、冶一体化白银矿山和最早进行白银深加工的独立银矿山。1997—2000 年企业改制，原矿山分成湖北银矿(矿山部分) 和湖北鑫银贵金属股份公司 (选冶、深加工部分)。现在上述两个公司基础上组建为湖北鑫荣矿业有限公司，其拥有完整的矿山基建、开采、选矿、冶炼提纯与深加工产业链。经技

术改造完成后将达到日处理矿石1000t,年产白银30t、黄金250kg的生产规模,届时其生产能力、综合实力将位于全国独立银矿山前列。

2. 找矿历程

相传在明末清初,有人在银洞沟的东侧挖了1个深2m的矿硐,后称“金硐”,又在沟西开了1个深约10m的斜井,后称“银硐”,“银洞沟”由此得名。

(1)找矿勘查初期:以铅锌多金属矿为目标。

1971年,全国地质工作者在中共中央(70)75文精神指导下,掀起一个群众性的报矿运动。(70)75文的主要精神是群众土生土长在当地,对当地的一草一木、一石一土都比较熟悉、了解,发动群众报矿,对找矿可达到事半功倍、多快好省的找矿效果。

1971年5月,第十四地质队为落实中共中央(70)75文精神派地质技术员胡聚龙,工人金根才、焦永海

▼**银洞沟矿床全景**(群山叠嶂,秦岭天险)

▲银洞沟矿床主平硐

组成普查组到茅塔镇吉阳一带发动群众报矿。从吉阳小学一名学生口中得知银洞沟曾有古人采过矿的信息，随即赴现场踏勘。在“金硐”和“银硐”的坑壁上发现宽 30～80cm 的铜、铅、锌矿化石英脉，经观察采样后即向分队和大队报告发现情况。10 月，胡聚龙陪同大队技术负责人冯钜昌和分队技术负责人吴贤奎到现场勘查，确认该矿点有进一步工作价值，从而对银洞沟矿区展开了系统的勘查评价工作。

1972 年，以王国治为组长的普查组，开展银洞沟矿点检查。他们一方面从已知矿化露头入手布置探槽、坑道进行揭露，追索矿(脉)体的延伸，另一方面开展银洞沟—石门沟 1:1 万激电和岩石地球化学测量，发现银异常和铜、铅、锌组合异常规模大、分带清楚，为下一步地质工作布置指明了方向。

1973 年 10 月，省地质局总工程师胡惠民和副局长孙耀华带领局工作组到银洞沟现场考查。胡惠民明确指出该矿类型好、蚀变强、物化探异常规模大、矿化明显，应进一步开展深部验证工作。1974 年 9 月中旬，矿区第一个钻孔（ZK02）在孔深 357.24～402.63m 处发现多金属矿体，从而肯定了银洞沟多金属矿的找矿前景，坚定了对矿区进一步工作的信心。

通过以多金属矿为主要勘查对象的地质工作，普查组基本了解了矿区蚀变矿化范围、多金属元素异常特征，并在深部圈定一个铅锌矿体和三个银矿体，计算地质储量铅锌 29×10^4t、银 377.43t、铜 4981t、镉 855.8t。

（2）选准目标，科技找矿突破。

20 世纪 70 年代后期，国家把贵金属工作提到重要地位，地质矿产部门将金银列为重点寻找的矿产，这给地质工作者一个新的启迪，引起对矿区银金矿化和元素异常的重视。1979 年，朱唯新、冯钜昌等人通过矿区及外围岩石地球化学资料的系统整理和研究，特别是对钻孔原生晕资料的综合分析，发现成矿元素垂直分带现象明显。他们经对原施工的钻孔上部岩芯补采样品分析，发现许多样品银金高度富集。通过不同工程、不同深度所采 10 个人工重砂样经湖北省地质局中心实验室测试，查明银主要以自然银、金银矿、辉铜银矿、螺状硫银矿等形式存在。上述综合研究和测试成果使矿区地质工作者恍然大悟，过去费很大精力研究深部的铅锌矿体，而忽略了具有重大工业价值的银金矿就在浅部。1980 年以后，矿区地质工作重点由深部多金属矿转移到浅部银金矿，从而打开了银洞沟找矿的新局面。

银洞沟银金矿经省冶金工业总公司批准，于 1986 年动工新建湖北银矿，1990 年建成投产。银洞沟矿区地质勘查工作取得了丰硕的成果，受到各级领导部门的肯定。第五地质大队不仅探明了一个国家急需的大型贵金属矿床，而且较深入地研究了这个典型矿床，丰富了矿床学理论。该矿床的发现和研究成果先后荣获地质矿产部找矿一等奖，科技成果二、三等奖，国家科技进步二等奖，湖北省科技成果三等奖。

五、海底形成、历经改造的铜锌矿——刘山岩铜锌矿床

1. 矿床简介

刘山岩铜锌矿床位于桐柏铜锌银金多金属矿集区，区内构造极其复杂，地层变质变形强烈。自1970年发现该矿以来，对其研究工作一直不断，矿山于2005年底宣布闭坑。近年国家危机矿山项目的启动，通过对矿山实际开采过程中的矿体变化规律的研究，对矿区历年来勘查资料的

▼刘山岩铜锌矿床地表露天采坑

▲刘山岩铜锌矿床典型矿石照片(块状硫化物矿石,形成于海底,后经历印支期变形改造。沧海桑田,仍显黄铜本色)

进一步总结,对矿区成矿环境和条件深入分析后,认为该矿床深部仍具有较好的找矿前景。

2. 找矿历程

1967—1969 年,河南省地质局区测队在山西省中条山铜矿和甘肃省白银厂细碧角斑岩型铜矿勘查成果的启示下,在桐柏地区开展 1:5 万矿产地质调查工作,矿产组经过路线调查、老硐调查和群众报矿,发现刘山岩 L9 号矿体古采坑,经老硐清理发现铜锌矿体。矿区采用一系列技术方法,迅速扩大矿体规模,并完成详查工作。1970 年由区测队四分队和新疆三大队组成地质八队,于 1971 年底提交勘探报告。1972—1974 年地质八队对矿区西段进行普查勘探,提交(西段)地质勘探报告,矿床铜、锌金属储量分别为 5.29t、26.01×10^4t。

六、独特的碳酸岩－碱性杂岩——庙垭铌稀土矿床

1. 矿床简介

庙垭铌稀土位于湖北省竹山县得胜镇北约 7km。该矿床具特大型规模，是我国仅次于内蒙古自治区白云鄂博的第二大稀土矿床，并伴生大量磷灰石和金红石等。庙垭杂岩体即是

▼庙垭矿床远眺，照片中小山丘即为庙垭赋矿碱性杂岩

一个巨大的矿化体，无论是正长岩类或各种碳酸岩均有明显的矿化现象，矿体没有明显界线。全区共圈定45个矿体，矿体规模大小悬殊，小者厚仅数米，长数十米，大者厚可达上百米，长千米以上。铌稀土矿体多属中小型矿体，大型者全为铌矿体。其成因类型上属于与正长岩–碳酸岩有关的岩浆型铌稀土矿床，可能遭受了后期热液改造。

▼庙垭火成碳酸岩典型照片

2. 找矿历程

1960年，陕西省区域地质测量队二十分队张二朋、刘琦珂、万义文和刘克成在1:20万平利幅区域调查时，分别发现庙垭放射性伽马异常，经观察和异常圈定，认为值得进一步检查。随后该分队李艾成、王连升、余日春等对庙垭放射性异常进行检查，通过1:5万、1:1万、1:2000地质测量、放射性测量及地表探槽取样，初步圈出放射性元素和稀有元素矿带长1000～1200m，地表矿体11个。

1963年西北地质局区测队在区域放射性普查中首次发现，1965年地质部七〇一队进行过普查，证实铌稀土矿化较好，仅见少量烧绿石（证实属铌铁矿）。在此基础上湖北省第五地质大队1971年开始进行普查-勘探，至1982年结束，提交《湖北省竹山县庙垭铌稀土矿床区详查-初勘地质报告》。1982—1985年进行矿床研究，著有《湖北省竹山县庙垭碳酸岩型铌-稀土矿床研究》（湖北省地质矿产局，1985）。庙垭碱性岩-碳酸岩杂岩体普遍矿化，矿石矿物矿呈副矿物形式存在于杂岩体中，岩石类型即是矿石自然类型。

科普小贴士

碳酸岩是所有火成岩中稀土元素含量最高且轻重稀土分异最强烈的岩石之一，与碳酸岩-碱性杂岩相关的内生稀土矿床主要分布在中国和美国，如内蒙古自治区白云鄂博，四川省攀西地区牦牛坪、山东微山等，其成因类型分为岩浆型和热液型。

主要参考文献

Korges M, Weis P, Lüders V, et al. Depressurization and boiling of a single magmatic fluid as a mechanism for tin–tungsten deposit formation [J]. Geology, 2018, 46(1): 75–78.

Li Y, Li X H, Selby D, et al. Pulsed magmatic fluid release for the formation of porphyry deposits: Tracing fluid evolution in absolute time from the Tibetan Qu–long Cu–Mo deposit[J]. Geology, 2017, 46(1): 7–10.

Mao J W, Xie G Q, Duan C, et al. A tectono–genetic model for porphyry skarn stratabound Cu Au Mo Fe and magnetite apatite deposits along the Middle Lower Yangtze River Valley, Eastern China [J]. Ore Geology Reviews, 2011,43 (1):294–314.

Philip A C. Magmatic processes in the development of porphyry–type ore sys–tems[J]. Economic Geology, 2005, 100: 25–38.

Zhu J, Peng S, Peng L. U–Pb dating of hydrothermal zircons from the Neo–proterozoic Liushanyan VMS Cu–Zn deposit, central China: Evidence for a Triassic deformation event[J]. Resource Geology, 2016,66(3): 227–239.

安徽省地质矿产勘查开发局.安徽省区域地质志[M].北京：地质出版社，1987.

陈毓川, 王登红, 陈郑辉, 等. 全国重要矿产和区域成矿规律研究技术要求[M]. 北京: 地质出版社, 2010.

河南省地质矿产勘查开发局.河南省区域地质志[M].北京：地质出版社，1989.

湖北省地质矿产勘查开发局.湖北省区域地质志[M].北京：地质出版社，1990.

华珞, 白铃玉, 韦东普, 等. 有机肥–镉–锌交互作用对土壤镉锌形态和小麦生长的影响[J]. 中国环境科学, 2002, 22(4):346–350.

李荣昌, 杨晓达, 王夔, 等. 我国稀土生物无机化学研究进展[J]. 中国稀土学报, 2004, 22(1)：1–6.

裴荣富.中国矿床模式[M].北京：地质出版社,1995.

彭三国, 胡俊良, 刘劲松,等.湖北随州黑龙潭金矿石英 Rb–Sr 同位素年龄及其地质意义[J]. 地质通报, 2017,36(5):867–874.

彭三国，龙宝林，李书涛,等. 武当–桐柏–大别成矿带成矿地质特征与找矿方向［M ］.武汉：中国地质大学出版社,2013.

彭三国，彭练红，朱江,等. 武当–桐柏–大别成矿带地质矿产调查“十二五”进展与成果集成［M ］.武汉：中国地质大学出版社,2018.

彭翼，万守全.桐柏地区银多金属矿成矿地质特征及成矿规律[J].地质调查与研究，2002,25(3)：174–178.

彭智，陆三明，徐晓春.北淮阳构造带东段金–多金属矿床区域成矿规律[J].合肥工业大学学报(自然科学版)，2005,28(4)：364–368.

唐慧安, 赵爱萍, 刘妍, 等. 稀土生物无机化学近十年的进展[J]. 天水师范学院学报, 2003, 23(2): 19–23.

杨金玲, 公维磊, 赵艳霞, 等. 人尿中铜等金属元素含量的横向加热石墨炉原子吸收测定法[J]. 环境与健康杂志, 2009, 26(6): 534–535.

杨频, 魏春英. 稀土与细胞、器官、组织的作用及其生理效应[J]. 化学通报, 1996(07): 14–17.

叶天竺, 昌志成, 庞振山. 勘查区找矿预测理论与方法 ［M]. 北京: 地质出版社, 2015.

翟裕生.成矿系列研究问题[J].现代地质，1992(3)：301–308.

张国伟，张本仁，袁学诚，等.秦岭造山带与大陆动力学[M].北京：科学出版社,2001.

张怀东，史东方，郝越进，等.安徽省金寨县沙坪沟斑岩型钼矿成矿地质特征[J].安徽地质，2010,20(2)：104–108.

张静，陈衍景，陈华勇，等.河南桐柏围山城层控金银成矿带同位素地球化学[J].地学前缘，2008,15(4)：108–124.

张彤, 徐莲英, 蔡贞贞. 壳聚糖澄清剂对中药水提液中锌、锰、钙及重金属元素铅的影响[J]. 中成药, 2001, 23(4): 243–245.

郑海雷, 冯金朝. 稀土生物效应机理研究进展[J]. 稀土, 2000, 21(4): 55–60.

朱江, 程昌红, 王连训, 等. 南秦岭竹山地区早古生代碱性岩浆活动及其相关铌稀土成矿的若干认识[J]. 岩石矿物学杂志,2017,36(5):681–690.

朱维琴, 林咸永, 章永松. 铁、锰等金属元素的微生物还原及其在环境生物修复中的意义[J]. 应用生态学报, 2002 (3): 369–372.